Knowledge BASE 系列

一冊通曉 將散漫脫序化為高效能的智慧實務

圖解 管理學 修訂版

陳昵雯 著　陳鴻基 審訂

管理學：
一門切合實用、人人皆需了解的學問

文◎陳鴻基（前台灣大學管理學院副院長兼EMBA執行長）

管理是什麼？

「管理」泛指管理者和別人一起、或通過別人的合作或互動，使活動完成得更有效率且具效益的過程。這一過程的體現，需在規畫、組織、領導和控制等管理功能中推展與落實。「規畫」意即確定目標、制定目標、制定戰略，以及開發分計畫以協調活動；「組織」意即決定需要做什麼、怎麼做、由誰去做；「領導」則是指導和激勵所有參與者以及解決衝突；「控制」是對活動進行監控以確保其按計劃完成。無論在組織的哪一個層次上，管理者大都履行著這四種功能。

每個人都需要管理學

進行管理時，因為人、時間、空間等資源有限，經常出現程序雜亂無章、結果無法預測……等風險，使管理過程不效率、管理績效不佳。管理學即是研究管理的觀念與做法，使管理達到最高效果與效率的學問。然而，管理學並非專屬於管理者，而是人人皆應學習、了解。原因可從兩方面來看：對於渴望成為管理者的人來說，學習管理學可以獲得基礎知識，有利於他們成為有效的管理者；對於不打算從事管理的人來說，可使他們領悟上司的行為模式和組織的內部運作方式。事實上，管理的觀念與做法關係到每個人的切身利益，因為大多數人不是管理者，就是被管理者。即使不是身處企業組織中，個人管理和家庭管理（也屬管理範疇）也日趨重要。身為群體的一分子，別人的管理好壞會對你產生影響，要批評別人的管理，得先學好管理。

學習管理學的難處

然而，大部分的讀者在學習「管理學」的過程中，有幾個常見的缺點。

首先，他們經常忽略學習架構的建立，因此會覺得管理學讀起來非常辛苦，好像有很多內容都要背，但卻無法了解其前後的邏輯和前後因果關係做系統化的整理，所以學習效果自然大打折扣。其次，管理學的書籍琳瑯滿目，導致許多讀者專注力分散，選擇了很多本管理學書籍，導致學習過程中慌亂無章，究其原因，在於缺乏自我的消化與吸收能力，無法有系統地學習，其實讀書應該重「質」甚過於「量」。此外，由於大部分人，如學生，在學習管理學時尚未進入職場，因此對於工作實務的體認能力較不足，導致學習上覺得較為枯燥，加上本身並無閱讀管理實務書籍或報章雜誌的習慣，無法體會理論與實務配合的樂趣。

有系統的方法可助於學習

《圖解管理學》的特點在於將管理學的內容建立完整的架構，方便讀者在學習過程中能夠有系統地消化與吸收。同時，本書內容將管理學的內容與重點去蕪存菁，將可減少讀者花過多的心思在眾多的管理書籍。作者採用圖型模式將複雜的管理功能做清晰的圖解說明，並對管理學界諸多大師的論點與著作，做有系統地整理與介紹，對管理學微觀內涵的了解幫助很大。另外，也對不同時期管理學觀點演進與模式的變革，做邏輯性分析與評論，對管理學宏觀的認識也產生助益。內容方面結合了西方先進國家的理論，再參酌國內情況，除採用本土化的資料為實例，並輔以國外案例之管理經驗來搭配理論做補充說明。本書的定位相當清楚，在於協助讀者對於管理學的了解，擺脫管理學生硬的法則、原理，用輕鬆幽默的手法，讓人在不知不覺中將管理學習上手，能夠悠然自得，進而一窺管理學的奧妙與樂趣。

目錄

目錄

6 領導

7 激勵

CONTENTS

8 控制

9 其他重要的管理理論

管理學的
基礎思維

管理學應用的範圍相當廣泛，小至個人，大至跨國企業，學習管理的目的不僅在於成為大企業家，而是有助於個人建構邏輯思考能力，懂得整合有限資源創造最大價值。因此，不論是第一線工作人員還是高階主管，學生或是家庭主婦，都能運用管理知識與智慧，為個人加值，為生活加分。

- 生活中有哪些管理的智慧？
- 什麼是管理學？
- 管理的內涵適用於所有組織嗎？
- 什麼是「管理矩陣」？
- 管理者可以分為幾個層級呢？
- 管理者扮演了哪些角色？
- 管理者必須具備哪些技能？

為什麼要學習管理學？

在人們的日常生活中，從時間安排、到公司的營運計畫，都需要透過「管理」，有效地分配所需的人力、物力、時間等資源，選擇最有效的工作方法，才能獲得事半功倍的效果，避免漫無頭緒、無所適從的窘境。

為何要學習管理學？

管理學是一門可於人們日常生活中隨時應用的知識。管理學源自社會科學，諸如心理學、社會學、經濟學……等，針對管理者與部屬間人際互動的議題進行深入研究，如領導、激勵等；此外，更教導人們如何有效地運用有限資源以達成任務，如規劃、組織、控制等，藉此幫助人們從複雜的環境中釐清事實、找出問題點進而將其解決，並整合現有資源以創造最大的價值，兼具理論與實務驗證，這些都是與個人息息相關、能應用於個人改善生活中各種事務管理能力的知識與方法。

管理的智慧無所不在

管理學的應用範圍相當廣泛，不論個人、團體或是企業皆通用。應用在個人身上，稱為「自我管理」，例如小華為了考取律師執照，規定自己每天至少唸書八個小時，否則假日不能休息。管理學的概念更常應用於群體，稱為「社群管理」，如學校社團的管理。由於社團人員繁多，工作項目更加複雜，借用管理學的方法，可幫助釐清群體共同的目標為何，由領導者分派任務與資源，帶領群眾完成，可發揮執行效率，讓成果極大化。例如大學社團慈幼社，為了讓孤兒院的小朋友度過一個溫馨的聖誕節，社員決定在平安夜舉辦同歡會，由社長將成員分為活動組、器材組及場佈組，大家同心協力完成任務。

至於管理學於企業的應用，即「企業管理」，相較於社群管理自然更加複雜，除了設定願景與目標外，多數企業還必須考慮營收情況，並承擔社會責任。一個缺乏管理的企業宛如一盤散沙，部門各自為政，員工孤軍奮戰；但若企業能妥善運用公司資源，施以合適的管理方法，將可整合各部門的互補功能，凝聚員工向心力，獲取更強大的市場力量。

管理學豐富的應用範圍

管理學

- 以邏輯分析方法釐清複雜問題。
- 整合現有資源以創造最大價值。

探討主題1

管理者與部屬間的人際互動,如領導、激勵等。

探討主題2

如何有效運用資源以達成目標,如規劃、組織、控制等。

應用層面

應用於個人

個人為了達到某項目標,必須訂定達成的策略與計畫。

應用於群體

以一套系統的計畫來整合群體中每個成員的各項活動。

應用於組織

企業、營利以及非營利組織內所有部門與成員任務的規劃與執行。

例 規劃自助旅行的旅遊行程、擬定個人進修計畫表等。

例 老師管理學生社團、黨工企劃集會遊行等。

例 工廠設計生產線、公司訂定出缺勤管理原則等。

自我管理

社群管理

企業管理

管理是什麼？

「管理」必須集結眾人之力，強調成員間各種資源的整合，進而創造更大的價值，所謂「群策群力，以竟事功」，就是管理學最佳的寫照。

何謂管理？

「管理」是指透過群體的努力，有效運用組織資源，以達成共同目標的過程。其中包含了管理的三大基本概念：①透過群體的努力：是指管理貴在借力，透過對團體中個別單一力量的協調與整合以發揮綜效，達到一加一大於二的成果；②有效運用組織資源：亦即強調效率的概念，用最少的資源獲取最大的效果，關注的焦點如做事的方法、完成任務的速度等；③達成共同目標：也就是重視效果，即團隊運作的成果。因此，管理的意涵包括強調「綜效」、重視「效率」與「效果」。

管理學重視效率，也重視效果

「效率」與「效果」是管理者最重視的兩項指標，其意涵不盡相同，效率是指「資源的使用率」，重視運作「過程」；效果則是指「目標的達成率」，強調運作「結果」。知名的管理大師彼得・杜拉克曾說：「效率是指將事情做對

（Do the thing right），效果則為做對的事（Do the right thing）」，以此釐清兩者之觀點。

在公司林立、競爭激烈的今日，效率與效果兩者缺一不可，企業經營更需同時達成高效率與好效果才能獲取生存與獲利的空間，倘若效果好，但是效率卻低落，勢必無法因應競爭壓力；相反地，若是效率佳但欠缺效果，表示企業的獲利堪憂，無法維護股東權益，至於低效率且缺乏效果的公司，經營狀況更是岌岌可危，因此，對管理者而言，「將事情做對」以及「做對的事」兩者同樣重要。

管理的特色

管理的目的在於達成組織目標，可藉由科學方法，透過精密的數量統計，幫助企業更精確地預測市場趨勢，進行流程控管，提升產品品質。然而，由於管理的主體與客體皆離不開人，相關活動便不得不受人的情感、意志、個性等無法以科學方法

「綜效」是1＋1＞2

綜效是指，總和的利益超過個體利益的加總，簡單來說，就是1＋1＞2的概念，綜效可說是團體運作的目的，當個人的目標無法以一己之力完成時，可集結眾人之力，成員齊心協力發揮綜效，朝共同目標邁進。

度量的因素所影響，因此，當管理學者欲「集結眾人之力，以達成群體目標」時，便會發現若要落實管理的功能和效益，除了運用科學方法外，還必須如藝術般巧妙地結合人的情志，才能讓管理達到最佳成果。因此可知，管理學不僅是一門科學，也是一門藝術。

管理的意涵

透過群體的努力	➕	有效運用組織資源	➕	達成群體目標

| 達到 | | 重視 | | 重視 |

綜效 1＋2＞2	**效率** 把事情做對	**效果** 做對的事
重視團隊合作，成員齊心協力。	重視資源的使用率，強調運作過程。	重視目標的達成率，強調運作結果。

以**A食品公司**的企業管理為例：

公司劃分為研發部、生產部、品保部以及行銷部，每個部門之間相互協助、彼此串連下，希望增加產品的銷售業績。	● 研發部負責下一季新產品的設計。 ● 生產部負責新產品的試製。 ● 品保部為生產部的試製品把關，確認品質無虞。 ● 行銷部將試賣反應回饋給研發部，為產品設計提供方向。	A 食品推出的新產品受到市場肯定，銷售業績成功提升。

 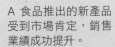

管理不僅運用數理模型等科學方法預測市場趨勢、進行流程控管，也探討了許多組織成員間人際互動等議題，因此管理是一門科學，也是一門藝術。

管理矩陣

企業活動依機能別可分為生產、行銷、人力資源、研究發展、財務等領域，為了使每個企業機能都達成高效率與好效果，管理者需將管理的「規劃」、「組織」、「領導」、「控制」四大功能應用於每個企業機能。對此，管理學結合管理功能和企業機能發展出「管理矩陣」的概念，使管理活動更面面俱到。

管理功能的提出

一九一五年法國工程師費堯，集結了近三十五年管理實務的經驗與領悟，撰寫《一般管理與工業管理》一書，首度將管理工作劃分為規劃、組織、命令、協調、控制等五項功能，時至今日，已被濃縮為規劃、組織、領導、控制等四大項。由於管理四大功能彼此環環相扣，因此「管理功能」亦有「管理程序」之稱。

功能①：規劃

管理功能始於規劃，規劃是指為組織設立目標，以及擬定達成目標的策略。以學校為例，建立學校是為了教育學生，因此校方必須思考，哪些課程有助於培養學生的專業能力？教授教學的考評是否有效？圖書館的藏書是否可滿足學生求知需求？再以企業經營為例，管理者必須設定年度營業額成長目標，例如三○％，並以產品創新、降低不良率、提升顧客滿意……等方案達成此目標，以上皆屬規劃的工作內涵。

功能②：組織

組織是對任務、人力及其他資源進行配置，以使規劃的目標能圓滿達成。例如學校的校長決定每個系所的運作經費、全職人員與兼職人員的比例、各系主任需向院長報告的事項……等。以企業為例，管理者需決定每個部門的人力與預算、專案計畫的負責人員和呈報對象……等。

功能③：領導

領導包括如何建立團隊、指導並激勵成員達成組織目標。在學校中，校長必須解決系所之間的衝突，激勵職員及教授努力工作；在企業中，管理者則需促進部門間的溝通，並針對員工不同的需求提供誘因以激勵部屬，使全員可戮力達成目標。

功能④：控制

控制是為了了解工作執行的進度，以及工作成效為何，因此必須設定標準，將實際績效與標準相比，進而採取必要的修正措施。例如大學應定期檢視報考人數及錄

取分數等，可幫助了解學校的競爭力，若報考人數下滑，便可從教學品質及就業趨勢等各方面進行深入研究以提出對策。就企業而言，則常於年初設定各部門目標，每一季末安排階段審視執行狀況，最後於年終時進行整年度的成果檢討，以了解最終績效是否達成年初規劃的目標，做為下個年度規劃的基礎。

企業機能

管理程序可廣泛應用於所有企業，而依不同的作業目標，又可將企業活動的種類區分為生產管理、行銷管理、人力資源管理、研究發展管理及財務管理等五大機能。各種機能並非獨立進行，而是彼此互動互助、高度連結、齊心協力，才能達成最大效益。分述如下：

管理的四大功能

規劃

訂定目標及達成的策略。

例 經理設定年度營業額成長**30%**，並計畫以產品創新達成目標。

組織

劃分部門、釐清工作執掌、配置人力與資源。

例 公司成立產品創新任務小組，由經理擔任專案領導人，成員包括研發、製造、行銷與客服等人員，工作成果向領導者報告。

企業

控制

訂定作業進度，比較實績與標準，並加以修正。

例 年終結算時營業額卻只提升**15%**，檢討後發現原因在於創新產品製程複雜，拖延了上市速度，故決定引進新的製造技術。

領導

促使成員致力於工作以達成目標，如解決衝突、指導並激勵部屬。

例 為鼓勵成員提出創新的想法，經理提出「凡創新概念經採納，可得傑出表現獎金」之激勵方案。

①**生產管理**：指企業製造產品的過程，包括廠房位址、廠房佈置、物料採購、作業時程安排、產能規劃、品質管控、存貨管理及設備維護等。如沛康藥廠為提升生產效能，會定期安排實驗室無菌檢測與設備升級。

②**行銷管理**：指產品製成後至交到消費者手中的一切活動，包括產品定位、價格擬定、通路選取、產品促銷等。如沛康藥廠趁母親節推出女性專用維他命的優惠活動以刺激買氣。

③**人力資源管理**：指組織內有關人力資源的一切事物，講求適才適所，將人與事做最有效率的結合，包括新人招募、遴選雇用、教育訓練、員工福利、薪酬計畫、績效評估、升遷制度、職涯規劃等。如沛康藥廠招募品保人員時，針對職務內容要求應徵者需具備製藥廠的相關工作經驗，且需熟悉GMP相關知識。

④**研究發展管理**：指企業的研究與開發等活動，如技術研究、產品開發、製程改良等。如因應防疫需求，沛康藥廠積極研發新型流感疫苗。

⑤**財務管理**：指經營企業所涉及的一切財務活動，包括投資評估、融資計畫、現金控管、風險管理、資金成本的管理等。如沛康藥廠以融資所得資金投入新品研發，並將產品獲利轉投資於連鎖藥房，靈活操作財務槓桿。

企業機能不像規劃、組織、領導、控制等管理功能，可以一體通用於企業、學校、軍隊及醫院等各式機構，而是需配合不同組織的業務性質有所調整，例如，食品公司會致力於新產品的研究開發管理和維持產品品質的生產管理；金融機構最重視資金運用的財務機能管理；而經營電子商務的公司則是特別著重於資訊管理及資訊工程師的人力資源管理。

管理矩陣

將規劃、組織、領導、控制等四大管理功能應用於生產、行銷、人力資源、研究發展及財務等五大企業活動中，就能幫助管理者分析每一個活動環節的要點，深入了解工作內容，這就是「管理矩陣」的概念，旨在強調管理者施行任一企業機能時，皆應展開管理四大功能全面施行、不可偏廢，使各功能彼此互相關聯，形成一個連續的過程。繪製管理矩陣時，會將企業機能與管理功能分別置於兩軸展開交叉關係，即為管理矩陣。

新興的企業機能：資訊管理

除了五大機能外，近年來隨著資訊科技發達，許多學者主張應加上「資訊管理」，泛指企業內有關資訊系統的一切活動，如可提升內部運作效率的ERP（企業資源規劃）系統、注重顧客關係維繫的CRM（顧客關係管理）系統，以及支援即時採購的SCM（供應鏈管理）系統等皆屬之。

什麼是管理矩陣？

管理矩陣	●將企業機能五大機能置於橫軸、管理四大功能置於縱軸，即可發展出「管理矩陣」。
	●管理矩陣旨在提醒管理者將管理四大功能應用於每個企業機能，可以提高組織運作效率與效果。

企業機能 管理功能	生產 指產品的製造過程	行銷 指製成品到顧客手中的過程	人力資源 指員工的徵、選、育、用、留	研究發展 指前端研究開發的工作	財務 指金錢活動的管理
規劃	✓	✓	✓	✓	✓
組織	✓	✓	✓	✓	✓
領導	✓	✓	✓	✓	✓
控制	✓	✓	✓	✓	✓

實例 1　藥廠推出新型流感疫苗

五大企業機能

●**生產**：生產設備的維護與升級
●**行銷**：流感疫苗的定價
●**人力資源**：生技人員的招募與培訓
●**研究發展**：流感疫苗的開發
●**財務**：投入資金的籌措與報酬率評估

實例 2　美容機構推出新按摩課程

五大企業機能

●**生產**：按摩教室的裝修
●**行銷**：在媒體刊登廣告以推廣新課程
●**人力資源**：最新按摩技巧的教育訓練
●**研究發展**：研發最新按摩工具
●**財務**：發行限定現金支付的優惠體驗券，改善現金流。

四大管理功能

五大企業機能皆應落實規劃、組織、領導、控制等管理四大功能，緊扣每個工作環節，才能確保目標順利完成。

管理的層級

在每個組織中，管理者往往不只一位，每位管理者各自的職責亦不同，且可能彼此有從屬關係。透過管理層級的概念，可以了解這些管理者與成員間如何分層、整合，各盡其職達成組織目標。

管理者vs.作業人員

　　根據工作內容，組織中的人員可以大致分為管理者與作業人員兩種類別，作業人員直接從事主管交派的任務，不負有監督他人工作成效之責任，例如速食店的櫃台點餐人員、百貨公司的專櫃服務人員，以及戶政事務所的辦事人員等，多為代表組織服務顧客的第一線人員。而管理者則是指在組織中負責統籌分派資源、指揮並監督他人工作的個人，擁有督導成員作業的職權。但儘管任務由部屬分工執行，管理者卻必須對任務成敗負起責任，故享有職權外，管理者也需承擔更重的職責。在管理者的指揮與作業人員的執行之下，組織才能明訂目標並且落實執行，因此兩者分工合作，缺一不可。

管理的層級

　　除了管理者與作業人員的區分之外，要了解管理者的主要職責，還可以進一步將管理者依據其職位層級和工作內容，將管理人員由下而上分為基層管理者、中階管理者與高階管理者，好比一個金字塔，基層管理者負責執行細部任務，中階管理者負責傳達訊息居中協調，高階管理者則負責指揮與決策。分述如下：

　　基層管理者：基層管理者又稱為「第一線管理者」，主要管理落實細部任務的第一線作業人員，透過各項細部任務逐一完成，才能成就更高層、更遠大的工作目標。如連鎖速食餐廳的領班，工廠的值班主管等，因為第一線管理者的工作內容通常重複性較高，講求的是經驗累積，因此他們大多從基層作業人員做起，擁有豐富的第一線作業實務，這不僅有助於排解日常問題，更適合帶領生手入門，將一身功夫傳承給經驗不足的後輩。

　　中階管理者：中階管理者必須執行高層主管的決策，同時指揮第一線管理者的行動，由於居中協調高階與第一線，完整傳遞訊息、協調溝通成為中階管理者最重要的工作。對上他們必須確認高層設定的目標，對下則需將高層遠大的願景化為具體可行的細部任務，負有承上啟下的責任，如連鎖速食餐廳的行銷部主管、工廠廠長等。

　　高階管理者：高階管理者負責規劃組織的願景、擬定組織的發展

方向與長期目標，以帶領組織迎戰對手，爭取市場立足點。因此，高階管理者不僅要時時刻刻留意組織內部的運作情形，以確保組織正常營運；也需對外在環境保持警戒，以便隨時回應競爭對手的攻擊、滿足消費者變化多端的需求，以維持競爭力，如企業的總經理、學校的校長、醫院的院長等。

管理層級的概念將看似整合一體的組織切割為具有高低之分的上下階級，高階管理者負責規劃組織長遠的目標，交付中階管理者將目標展開為各個具體可行的任務，並向下傳達予基層管理者，最後基層

管理者便可將任務分派予基層作業人員，由基層人員執行任務內容，這種由上至下的階層關係，即組織內任務溝通與分派的流程。而基層作業人員一一完成任務後，交由基層管理者檢視工作成效，再上呈中階主管，中階主管彙整後由高階主管進行最終確認，以確保任務目標始終如一，並掌握目標完成度。由此可知，目標的達成必須依賴組織由下至上的串連，不論高階管理者擬定了多麼遠大的目標，仍仰賴基層員工確實執行，各細部工作聚沙成塔，才能達成高層擘劃的願景。

管理的層級

高階管理者
- 設定組織的願景與長期目標。
- 經常留意產業動態，調整組織目標以即時回應。

例 總經理

任務分派 ／ 任務完成

中階管理者
- 將高階管理者擬定的長期目標發展為具體可行的方案。
- 居中協調，使基層組織成員了解高階管理者所設定的目標。

例 行銷部部長

任務分派 ／ 任務完成

基層管理者
- 負責指揮作業人員的日常工作。
- 執行中階主管擬定的方案。

例 連鎖店店長

任務分派 ／ 任務完成

作業人員
- 直接接觸顧客。
- 完成主管交辦事項，只需對分內的工作負責。

例 櫃台服務生

管理者的角色

管理功能包括了規劃、組織、領導、控制等四大內涵,看似簡單,然而實際執行起來卻錯綜複雜,藉由密切觀察高階主管的日常活動,可以發現一個管理者往往身兼好幾種角色,主要可分為人際角色、資訊角色及決策角色等三大類型。

對高階管理者扮演角色的觀察

規劃、組織、領導、控制等四大管理功能,可說是涵蓋了管理者所有的工作內涵,但是,觀察經理人的工作事務,往往只見管理者經常在接聽電話、召開會議、應邀致詞、交際應酬等,而不易看出所做的正是四大管理功能中的哪一項工作內容。對此,著名的管理學者亨利‧明茲伯格於一九六八年的博士論文中曾針對五位高階經理人執行了一項非常仔細的研究,將管理功能等形而上的抽象論述解剖為可直接觀察而得的管理角色。

明茲伯格挑選了食品公司、科技公司、顧問公司、醫院及學校等五種不同產業的高階主管進行個案研究,在五個星期的研究時程中,貼身觀察主管每一天的行程與時間分配,並詳細地記錄下來,最後將管理者所從事的工作加以分類,進而提出著名的「管理者角色觀點」理論,主張管理者所扮演的角色可分為人際角色、資訊角色及決策角色等三大類,細分

之共包含了十種角色。明茲伯格的管理者角色觀點為管理學界首度以「擔任角色」的角度來詮釋高階管理者的日常行為,清楚且具體地定義了高階管理者的任務、工作內容,也受到後世管理學界的重視。

第1類:人際角色

明茲伯格觀察高階主管時,發現他們經常代表組織與他人互動,擔任組織與外界溝通的橋樑,因而提出「人際角色」為管理者所扮演的三類角色之一,可再細分為以下三種:①**頭臉人物:**指管理者扮演組織的代表人物。頭臉人物需執行法律所賦予或是社會所認定的工作事項,例如代表公司簽署文件、接待重要貴賓、主持公司的年終晚會等。②**領導者:**不論帶領的團隊規模為何,管理者都會激勵、訓練並指揮部屬的行為,扮演「領導者」的角色。日常工作內容包括指導部屬執行工作、激勵員工的士氣等。③**聯絡人:**管理者也是組織與外界

亨利‧明茲伯格

加拿大籍管理學知名學者,主要研究環繞在一般管理與組織、管理工作的性質、策略規畫,對於管理的實務有相當獨到的觀察與分析,二〇〇〇年曾被美國管理學會選為「年度傑出管理學學者」,《金融時報》於二〇〇一年推舉他為全球偉大管理學思想家之一。

連結的橋樑，負有發展並維持人際網絡的責任，以為組織獲取更多資源，實際工作如參與產業相關活動、建立良好的政商關係等。

第2類：資訊角色

為了增進對組織以及產業環境的了解，以確保組織的發展能符合產業趨勢，管理者要負責收集組織內、外部各種訊息，以及處理與傳播這些資訊，通常會扮演以下三種角色：①**監督者**：管理者透過廣泛的管道，收集重大訊息，加強對產業動態的了解，例如閱讀產業期刊，實地訪查供應商的製造工廠等。②**傳播者**：管理者也負責將外

管理者的十大角色

人際角色 | 管理者應代表組織與外界互動、與組織內部成員建立關係。

頭臉人物
做為組織的代表人物，有義務執行法定及社交的例行性任務。
例 簽署文件。

領導者
負責所有與部屬有關的管理活動。
例 激勵、懲戒、訓練員工。

聯絡人
開拓外界的人際網絡，以便獲取協助與資訊。
例 參與產業工商協會。

資訊角色 | 管理者需收集、消化與傳播資訊。

監督者
尋求並收集各種資訊，建立對組織與產業環境全面性的了解。
例 參與產業技術發展研討會。

傳播者
將收集到的資訊傳達給組織成員。
例 向員工分享國外考察的心得。

發言人
將組織的計畫、政策與作為傳達給外界。
例 主持股東常會。

決策角色 | 管理者針對問題提出可行的解決方案。

創業家
為組織尋求更佳的機會，並發起「改善方案」以求進步。
例 定期評估組織現狀以發展新的計畫。

問題處理者
當組織面臨危機時，提出解決方案與危機處理。
例 遇罷工事件時，緊急進行人員調度。

資源分配者
負責分配組織的所有資源。
例 擬定各部門的人事決策。

談判者
代表組織對外談判協商。
例 參與勞資協定的談判。

部資訊與內部員工的訊息傳遞給組織內需要的人，以確保資訊的流通暢達無礙，例如主持資訊相關會議、向員工分享海外考察的心得等。③發言人：將組織內部欲公開的訊息如計畫、政策、目標等傳遞給外界，使外界對組織的運作方向能更加清楚，例如舉辦新產品發表會、召開股東常會等。

第3類：決策角色

制定決策可說是管理者最基本的工作，上至擬定組織整體的大方向，小至部門間的人事異動，皆仰賴管理者點頭簽字方能定案。因此「決策者」是管理者所扮演的重要角色，其中又可分為四種角色：①**創業家：**創業家會為組織尋找各種可能的發展機會，策動組織變革，利用改革及創新促使組織不斷進步，例如刺激新技術或新產品的誕生、規劃組織變革等。②**問題處理者：**當組織遭遇困境時，管理者應負責解決問題，提出可行的解決方案，尤其面臨突發危機時，應沈著以對、果斷處理。例如接獲不肖歹徒的恐嚇訊息，威脅暗中破壞上市產品時，當機立斷報警處理並要求相關產品全面下架，以維護公司信譽、保護消費者的安全。③**資源分配者：**管理者也負責分配組織內人力、物力以及金錢等資源，經常需裁定重要決策，諸如核定年度預算，決定各部門的人力資源等。④**談判者：**在重大協商場

合，管理者會代表組織與外界協商談判，以爭取本身的利益，例如出面協調公司與工會的勞資糾紛。

不同的管理層級，扮演不同的管理角色

明茲伯格透過實務觀察高階管理者的每日行程，並加以彙整與分類而提出管理者角色觀點，經後人研究證實，亦可延伸至基層管理者、中階管理者上，只是仍有本質上以及所著重部分的不同。以本質而言，高階管理者需決定組織長遠的發展方向，中階管理者需將高階管理者制訂的政策傳達與基層，在與安排作業員工作時程、決定任務排程的基層管理者相較之下，三者都具備了決策角色，但基層管理者主要是進行瑣碎的日常決策、中階管理者一般而言是主導部門級的決策、高階管理者則決定對組織整體具重大影響力的決策。以著重的部分而言，高階管理者對外代表公司的機會較多，扮演好對外的頭臉人物、聯絡人、談判者、發言人的角色更形重要；中階管理者主要負責將上意下達，以居間溝通協調為主，因此較多投入於「聯絡人」的角色，但所溝通聯絡的對象由高階管理者的對外移至組織內部；至於對基層管理者來說，負責激勵、動員部屬的「領導者」角色則更為重要。

揭開管理者的神祕面紗：校長一天的行程

行程表

校長扮演了以下角色：

● **Am 9:00 召開晨間會議**
校長召開晨間會議，聽取學校員工的工作報告並提出指導，他同時也於席間向同仁分享海外考察各國教育現況的心得。

①校長指導員工執行工作 — 領導者 — 執行與部屬有關的管理行為。

②與同仁分享考察心得 — 傳播者 — 將外界訊息傳播給組織成員。

● **Am 10:30 辦公**
晨間會議結束後，校長回辦公室批閱公文，決定下個年度的預算編列，並閱讀教育相關期刊。

③校長批閱公文 — 頭臉人物 — 組織象徵性的代表人物。

④決定預算編列 — 資源分配者 — 處理組織內所有資源分配。

⑤閱讀教育期刊 — 監督者 — 了解組織所處環境的脈動。

● **Am 12:00 午餐**
校長參與家長會的聚餐，並代表學校發言，讚揚家長會一年來的卓越貢獻。

⑥參與家長會的聚餐 — 聯絡人 — 維持對外的人際關係。

⑦校長代表學校發言 — 發言人 — 將組織動向傳遞給外界。

● **Pm 2:00 開會**
校長與各處主任共同討論學校傳遞公文的流程，並提出可行的改善方案。

⑧校長為組織尋求改進的空間 — 創業家 — 負責改革、創新組織。

● **Pm 5:00 處理意外事件**
有抗爭團體集結於校門口，疑攜有爆裂物，校長獲知消息後，為避免衝突緊急疏散所有人員並通知檢警單位，幸而事後證明是虛驚一場，校長遂與抗爭代表進行協商，深入了解其訴求為何。

⑨獲知有突發事件，緊急疏散人員 — 問題處理者 — 出現危機時負責策略與處理。

⑩代表學校與抗爭團體協商 — 談判者 — 在重大協商上代表組織談判。

管理者的技能

一位管理者身兼人際、資訊、決策三大角色，日常工作內容想必繁複而多樣；管理研究員凱茲的研究結果指出，管理者要有稱職的表現，有效推展組織活動，首要條件就是培養技術性能力、人際性能力與概念性能力等三種管理技能。

技術性能力

技術性能力是指完成某項特定工作所需具備的相關知識與技能，通常以師徒傳承或長期的工作經驗累積而得，且對愈基層的管理者而言，培養技術性能力愈是重要，例如生產線的領班必須掌控產品的生產進度、留意原料的供給情況，並熟知每個機台的運作流程。相對地，高階主管雖然未必是生產排程的專家，但是也需具備一定程度的技術性能力，以徹底了解員工的工作績效，如果高階主管對技術一無所知，勢必無法與技術人員進行溝通，更容易使整個組織失去控制。

人際性能力

人際性能力是指與他人溝通、協調合作的能力，由於中階管理者負責將高階主管擬定的長期目標發展為各種行動方案、並清楚傳達予基層人員，扮演了居中協調的角色，因此人際性能力對中階管理者而言最為重要，例如行銷部經理出面協調門市銷售人員與行銷企劃人員因工作產生的紛爭。人際性技能的養成同樣需經驗累積，諸如積極參與團體活動爭取與他人互動的機會、觀察或借鏡他人的談判溝通技巧，皆有助於人際性能力的培養。

概念性能力

概念性能力是指可以洞察先機、提出前瞻性遠見的能力，在三種管理技能中最難以養成。此技能講求更廣、更遠的視野，除了藉由產業知識的累積幫助建構概念的雛形之外，更須廣泛結合各種資訊，因應世界趨勢才能拓展概念的廣度。因此培養平日良好的閱讀習慣、涉獵各種資訊並加以整合，將有助於提升概念性技能。概念性能力是處理最複雜問題的高階管理者所必備的能力，例如在強敵環伺下，入口網站的執行長決定將公司轉型為整合服務的提供者，一舉增加瀏覽率並成功擴展廣告商機。中階管理者則因負責傳達高階主管的理念，所以也需培養概念性技能，以清楚了解長官勾勒的願景，並於必要時提供支援。

管理者必備的三種能力

 1 技術性能力

應用於工作上的專業知識。

 2 人際性能力

建立信任與合作的人際關係。

 3 概念性能力

思考分析、洞燭機先的能力。

培養方法
- 師徒傳承
- 工作經驗累積

培養方法
- 自與他人頻繁互動中學習
- 借鏡成功的談判技巧

培養方法
- 產業知識的累積
- 廣泛涉獵各種資訊

各級主管所側重的能力

基層管理者	中階管理者	高階管理者
負責管理生產或作業性員工，管理技能以技術性為重。	居中協調上下，管理技能以人際性為重。	負責全面性的政策制訂，管理技能以概念性為重。
技術性 > 人際性 > 概念性	人際性 > 概念性 > 技術性	概念性 > 人際性 > 技術性

速食店門市經理熟悉製作漢堡的每一個步驟。

人資部部長激勵員工鼓舞士氣。

總經理決定公司的願景及長期目標。

優良員工

管理思潮的演進

自十八世紀以來，因應工業革命興起、生產規模擴大的歷史背景，對於規劃、組織、領導、控制等管理工作的精進需求也因此勃興，促使學者積極研究提升組織效率的科學方法與成員的行為，從而提出更有效促進組織運作的對策，這便是管理理論提出的背景。隨著時代更迭，社會環境改變之下，管理理論也屢經修正，不斷推陳出新。透過對管理思潮起源、每個學派的代表人物及其主要觀點的介紹，對於了解管理的各種概念、掌握管理的發展趨勢有很大的幫助。

- 管理學的理論可分為哪些派別呢？
- 什麼樣的時代背景引發了管理理論的革新？
- 科學管理的主張是什麼？
- 紀律嚴明的管理方式是最好的管理方法嗎？
- 員工的心理因素會影響其生產效率嗎？
- 員工的需求可以分為哪些種類？
- 性善的員工和性惡的員工分別適合哪些職務？
- 計量與電腦模擬等技術如何解決管理問題？
- 組織如何與外在環境互動溝通呢？

管理思潮如何演進

從十八世紀工業革命後興起、一直演進至當代的各種管理理論，包括了古典學派、行為學派、量化學派與新興學派等，包羅萬象的觀點切合每一時代的特殊現象與需求，以今視昔，每一理論均相輔相成，無不成為今日管理者取之用之的來源。

工業革命促成了管理理論的發展

　　管理學於二十世紀初才成為系統性的研究領域，但許多管理概念卻早在遠古時代已由先人所用，例如埃及金字塔的建造，需要仰賴精密的計算與複雜的管理技術；中國西周時期周公所建立的封建制度，強調嚴密地監控與管理；歷代萬里長城的興建，耗費了龐大的人力與物力，其背後更必然存在優越的規劃、組織、領導、控制等管理功能，這些過去的例子，證實了管理的思想早已落實在人類生活中，管理活動的軌跡處處可尋。

　　縱然管理的思想與活動俯拾皆是，但直至二十世紀初，管理學才逐漸成為一門正式的學問，這個突破性的發展，必須歸功於工業革命。工業革命起源於十八世紀的英國，工業化造成機器快速取代了傳統所倚仗的人力與獸力，也促成資本主義的發展，隨著資本快速累積，企業的規模日漸龐大，超乎了傳統經理人所能管控的範圍，於是人們開始重視管理思想與管理技術，直接促進管理理論的發展。

古典學派vs.行為學派

　　企業快速擴張下，如何提高勞工的生產力成為迫在眉睫的議題，也催生了管理學科的第一個理論「古典學派」的誕生。二十世紀初，強調效率的古典學派成立，主張將個別勞工視為龐大機器中的小齒輪，並運用重視細節的時間研究與動作研究等科學方法刺激生產力的提升。古典學派可分為以科學方法改善產能的「科學管理」與加強組織行政效率的「行政管理」兩個支派，皆被視為管理理論的先驅。

　　然而，古典學派的主張雖然有助於化解勞力短缺，但這種將人視為機械、過於理性的觀點漸漸受到社會學家與心理學家的批判，因而衍生重視人際關係與考量員工需求的「行為學派」，其中以「霍桑實驗」最為知名，引發了後續「人際關係觀點」之研究。該學派從人性的角度出發，認為管理者透過了解員工心理、得知下屬真正的需求，便可採用激勵方式鼓勵員工提高生產力，達成組織目標，與古典學派的主張截然不同。

源自軍事管理的量化學派

　　二次大戰期間，英美兩國的作戰人員，根據科學管理的精神，以計量方法與統計工具成功處理了

許多複雜的軍事問題,大戰結束後,這些管理概念也被移植於民間企業,衍生出「量化學派」,其中分為「管理科學觀點」與「作業管理觀點」,皆主張以統計分析、數量模型及電腦模擬等方式釐清管理問題,對於諸如制訂預算、資源分配、存貨管理等需要數字輔助的決策有所助益。

因應環境迅速變化的新興學派

約一九六〇年代中期,全球經濟成長、技術發展迅速之下,外在環境的變化對組織的影響開始受到重視,「系統觀點」與「權變觀點」相繼出現,稱之為「新興學派」。系統觀點視組織為許多子系統集合而成的母系統,而組織本身又是大環境中的一個子系統,因此系統與環境間存在著互動的關係,組織必須掌握環境的變動,進而研發新的產品或服務,才能維持良好的績效。權變觀點則基於「因時制宜」的概念,主張管理的領域中沒有放諸四海皆準的模式,隨著外在環境的變遷,管理者應適時調整組織規模、目標與工作內容,有所變通。而管理理論發展至此,環境研究的重要性更為明確。

管理思潮的演進

管理學派	古典學派	行為學派	量化學派	新興學派
時代背景	1900年代初 工業革命促使企業規模擴張,浮現勞力短缺的問題。	1930年代 部分學者認為古典學派的主張脫離人性,並沒有真正考量員工的需求。	二次大戰期間 英美軍方採用數學與統計方法,有效分配作戰資源,而後沿用於企業界。	1960年代 經濟成長、技術發展迅速下,外在環境相關議題始受重視。
管理思想	重視效率,運用科學方法與嚴格的紀律刺激生產力提升。	從人性的角度出發,認為員工的行為、需求及人際關係都會對績效造成影響。	以統計分析、數量模型及電腦模擬等方式釐清管理問題。	強調組織與外在環境的互動關係。
重要派別及概念	●科學管理:以科學方式找出完成生產工作的最佳方法。 ●行政管理:研究組織的最佳管理原則。	●霍桑實驗:從對員工心理的激勵來提高工作意願與產能。 ●人際關係觀點:從人的需求或人性的本質來設計管理方式。	●管理科學:善用量化方法找出最有效解決問題的公式或模型。 ●作業管理:將抽象的目標轉化為具體的指標,藉以做出最佳決策。	●系統觀點:將組織視為一個系統以分析管理活動。 ●權變觀點:不同組織面對不同環境時,必須有權宜的管理方法。

古典學派①：科學管理觀點

早期管理思想的發展，受到自然科學方法論的影響，強調理性思考，而科學管理學派，便是以科學精神為基礎，主張以科學化的工作方式改善個別員工的工作產能，代表人物包括泰勒、吉爾伯斯夫婦與甘特。

科學管理之父─泰勒

受工業革命影響，工廠規模快速擴張，企業無不絞盡腦汁解決勞力短缺的問題，其中泰勒的研究貢獻對後世影響深遠，有「科學管理之父」的美名。一八九八年，擔任費城兩家鋼鐵公司機械工程師的泰勒，由於觀察到員工的產出往往不到預期的三分之一，工作缺乏效率，因此他開始進行實驗，試圖找出執行每一項工作的最佳方法。首先，泰勒挑選出一個合適的工人，教導他如何執行任務，並告知工人若能完成預期的工作量，便可獲得比平時高出六〇％的薪資，結果，任務順利完成。於是泰勒推而廣之，其他工人也紛紛仿效泰勒的工作方法，以取得更多的報酬。

那麼，泰勒究竟如何得知執行任務的最佳方法呢？原來，泰勒以「動作研究」為基礎，將鋼鐵工人的工作分解成數個肢體動作，並訓練員工準確落實每一個應做到的肢體動作，因而大幅提升了運作效率。此外，泰勒更進一步設計「按件計酬」的薪資體系，並提供表現傑出的工人額外的獎金，使員工常保高效率。

泰勒另一項知名的研究，則是有關於鏟煤科學。當時泰勒於伯利恆鋼鐵廠工作，雇用鏟煤工人六百名，負責鏟動各種不同的物料。他發現到許多工人不使用工廠所配備的鏟子，而是用自己從家中帶來的鏟子；此外，也發現到當鏟物不同時，即使使用同一把鏟子，負荷量也不同，例如鏟煤時，可鏟起的重量僅有3.5磅，鏟礦砂時，竟可重達38磅，引發了泰勒的好奇心，思考著：「鏟子的形狀、大小與鏟物量是否相關」、「什麼樣的鏟子工人拿得舒服又鏟得快」……等。於是泰勒便針對這些問題進行了實驗，發現每次鏟起的重量約為21.5磅時最有效率，此外，鏟重物時應用小鏟子，鏟輕物時則適合用大鏟子，因而成功地促進工廠的生產量大增。

科學管理四原則

就這樣，泰勒不斷利用科學方法改善工廠的生產績效，同時工人的薪資也隨之提升，他相信在科學管理的精神下，勞資雙方都能獲益，可以減少勞資糾紛。泰勒生平有兩本重要的著作，即《工廠管理》與《科學管理原則》，他於書

中依據實驗及觀察的結果，提出了科學管理四大原則，希望以重視分析的科學方法改善工作技術，揚棄以往專制的管理方式，包括了：

①**動作科學化**：過去，工人憑藉工作經驗執行任務，並未檢討一貫沿襲的工作方式是否得宜，而泰勒所提倡「動作科學化」的概念，則嚴謹地分析並拆解每一個工作的細節，再整合為最省力、省時的連慣性工作步驟，發展出科學化的標準流程，以取代傳統的經驗法則。

②**甄選科學化**：有別於以往任意甄選工人，未設定聘僱標準之下可能無法選出適任者的弊病，泰勒主張應回歸工作的本質，思考執行工作所需具備的能力為何，加以訂定標準，再依據標準甄選出符合資格的員工，輔以教育訓練，以確保受雇者符合工作需求，適才適所。

③**工作科學化**：過去管理者只在乎工作是否完成，不注重工人執行任務的方法、也不重視和諧的工作關係。泰勒對此並不認同，他認為管理者應與員工真誠合作，確認工作是在所發展出的科學方法下完成，且當員工配合度高又有傑出表現時，應提供獎金以資鼓勵。

傳統專制管理vs.科學管理

------------ **傳統專制管理** ------------ | ---------------- **科學管理** ----------------

憑藉經驗法則

工人依據過去的經驗執行任務，並未檢討工作方式是否得宜。

工作步驟

動作科學化

運用科學方法細分工作步驟，發展執行任務的最佳方法。

任意甄選人才

管理者未思索執行特定任務需具備的職能，因此甄才時未必可選出真正適合的工作者。

甄才方式

甄選科學化

首先分析執行工作所需具備的能力，而後依據此標準甄選出適合的員工，並加以教育訓練。

未發展科學方法

管理者只在乎工作是否完成，不注重工人執行任務的方法，也不重視和諧的工作關係。

工作方法

工作科學化

管理者與員工真誠合作，確認工作方式遵循所發展出的科學方法。

權責不清

大部分的工作與責任是由工人承擔。

權責分配

發揮分工效率

劃分管理者和員工的工作與責任，彼此分工，各司其職。

④**發揮分工效率**：過去工人除了完成交派工作外，也必須對工作的成敗負起責任，管理者如工頭並未發揮督導的功能；對此，泰勒主張將工作與責任平均分攤予管理者及員工，工作還是由工人執行，但工頭必須和工人一同承擔責任，彼此各司其職，發揮分工效率。

吉爾伯斯夫婦—動作研究的先驅

泰勒的科學管理方法追隨者眾，其中以吉爾伯斯夫婦的表現最為傑出，這對夫妻檔最聞名的是在二十世紀初對砌磚工人所進行的一項實驗，他們利用攝影機拍攝工人的工作情況，以研究手部與身體的動作，由於可精確計時到1/2000秒的時間，透過影片的分格畫面，每個動作得以分割，如此一來，便可以了解每個員工在每個動作上所花費的時間，並消除砌磚時不必要的動作，從而提高效率。

吉爾伯斯夫婦進而研究人體的結構，將所有細微的動作加以分類，共有伸手、移動、握取、裝配、使用、拆卸、放手、檢查、尋找、選擇、規劃、定位、預定位、

握持、休息、延遲及故意延遲等十七項，稱之為「動素」，為動作研究的先驅，使後人能以更科學、更精確的方式，分析人類的活動。

甘特發明了控管工作時程的「甘特圖」

甘特是另一位對科學管理學派有重大貢獻的人物，他是泰勒在鋼鐵公司的同事，其最廣為人知的成就就是於一九一七年提出的「甘特圖」。甘特運用科學的步驟分解原則，將每個任務切割成許多工作細項，以橫軸代表時間，縱軸表示各項子工作，再以長條形代表每個子工作的起迄時間，用來規劃與控制每個工作的預計時程與進度，成為管理實務上最普遍的工具。

甘特也進一步發揚了泰勒所提出的激勵制度，他修改了泰勒的按件計酬法，認為除了同工同酬外，對於特別努力的員工，更應提供較多的報酬，因此，只要工人提前完成工作，便應頒予獎金。另外，甘特也將原本只侷限在作業人員的獎勵，擴大到領班，他主張當領班所屬的員工在規定時間內完成工作，領班也應領取紅利。過去，管理者

■ 無時無刻不講求效率的吉爾伯斯

為了彰顯吉爾伯斯夫婦的貢獻，「動素（therbligs）」是以其姓氏Gilbreth的倒拼所形成的新字。這對夫妻不僅畢生奉行效率原則，也把這個理念應用到十二個小孩的教育方式上，例如，把摩斯密碼印在浴室門後面，以便家庭成員能在做其他事時同步學習，提高教育效率。

往往將員工視為生產工具，驅使員工做事而忽略了他們的工作動力，而甘特的主張以科學精神為出發點，卻同時考量人性需求，大幅提升了科學管理的適用性與接受度。

甘特圖的製作概念

甘特圖 ⟵ 是專案管理上經常使用的工具

使用甘特圖可比對專案的現行進度與規劃時程，易於得知每項工作的進度，有利於專案管控。

繪製步驟

Step1
將一項專案細分為上下承接的各個工作細項。

Step2
繪製表格，橫軸欄位為時間，縱軸欄位則填入應執行的工作細項。

Step3
以長條形繪製執行每個工作細項的預計起迄時間。

Step4
可規劃、控制工作細項的預計時程與執行進度。

對執行者的好處
- 可直接且清楚地了解自己的工作進度。
- 促進對每個任務的意義及對專案重要性的了解。
- 可明確釐清串連每個任務的相關單位，提高溝通協調的效率。

對管理者的好處
- 讓員工參與專案初期的時程規劃，有效授權。
- 比較實際進度與預期進度，便於進行專案控管。

實例 智展公司的李經理負責建置資訊系統的專案規劃與執行事項，李經理利用甘特圖來精確掌握各項任務的進度。

繪製步驟

Step1
將專案依序分割成六項工作細項：訪查需求者、系統規劃、系統分析、程式撰寫、系統測試及系統建置。

Step2
繪製表格，上方橫軸代表專案執行時間，表格左方縱軸填入各項任務。

Step3
以長條形繪製六項任務的起迄時間。

Step4
李經理可依據長條圖的規劃，監督專案的完成狀況。

▼建置資訊系統專案之甘特圖

工作項目	一月	二月	三月	四月	五月	六月	七月
訪查需求者	■						
系統規劃		■					
系統分析			■				
程式撰寫				■			
系統測試					■		
系統建置							■

專案完成

古典學派②：行政管理觀點

有別於科學管理著重個別員工的工作產能，行政管理則是強調組織整體的運作效率，發展出一套一般性的理論來說明良好管理工作需具備的要素為何，奠定了現今組織理論的基礎架構，以費堯及韋伯為代表人物。

行政管理的興起①：費堯的一般管理理論

科學管理的思想及做法，對生產作業有相當大的幫助，但是對於高階管理行為以及非製造部門的問題，卻無法提供一般性的解答，因此，以組織為出發點進行全面性思考的行政管理理論獲得發展空間，掀起一股熱潮。

費堯生於一八四一年，和泰勒是同一時代的人物，因為他本身就是法國一家大型礦業公司的高階經理人，因此研究集中於管理者身上。管理的規劃、組織、領導、控制等四大功能便是費堯首創的概念，此外，費堯也分享親身體驗的管理之道，從實務的管理工作中，歸納出為人熟知的「十四項管理原則」，至今仍受許多管理者推崇，內容如下：

①**分工原則**：費堯認為每個人都有其專精之處，透過專業分工，可以產出較多、較佳的成果，提高整體效率。

②**權責原則**：職權與職責乃一體兩面，管理者有下達命令的權力，但也需同步承擔應負的責任，以避免權責不分導致掌權者過於濫權，或責任負擔不合理的缺失。

③**紀律原則**：管理者與員工應清楚了解組織的規定，並嚴格遵守。

③**指揮統一原則**：每一個員工只需服從一位主管的命令，避免多頭領導產生的衝突。

④**目標一致原則**：組織結構的設計以目標為中心，凡具有相同目標的各項作業可視為同一個專案，應僅依據一套執行計畫，並由同一位主管指揮。

⑤**個體利益小於團體利益原則**：團體利益與個人利益相衝突時，應以團體利益為優先考量。

⑥**獎酬公平原則**：員工的薪資應公平、合理。

⑦**集權原則**：員工參與決策過程的集權程度應視情況而定，依據決策特性、企業規模大小與外在環境狀況適時調整。例如重要的決策應集中由少數的高階主管制訂，至於影響層面較小或經常發生的例行性決策，便應採分權由中階或基層主管決策。

⑧**階層鏈原則**：高階管理者至基層職員間的關係，有如環環相扣的鐵鏈一般，訊息傳達與指揮命令皆須遵循此鏈進行，但是，當組織

十四項管理原則

管理原則	內　容	實　例
①分工原則	在工作專業化的概念下，分工可使個別員工發揮所長，擴大群體的效益。	企業具備研發、生產、行銷、財會及人事行政等部門，將不同領域的工作個別交由專業人士負責。
②權責原則	職權與職責應相當。	透過選舉產生的民意代表，有權決定國家的政策方向，同時也有責任傾聽人民的聲音，為民眾發言。
③紀律原則	組織應建立一項合法且明確的規定，以規範成員的行為。	為了避免機密外洩，許多公司要求員工簽署保密條約，對工作內容三緘其口。
④指揮統一原則	組織的每個成員只服從一個主管的命令與指揮，避免多頭領導產生的衝突。	行銷部成員只聽從行銷部經理的指令，並向其報告，當其他部門需要行銷部支援時，應先告知行銷部經理，由其指派適合的下屬前往協助。
⑤目標一致原則	組織結構的設計以目標為中心，具有相同目標的各項作業可視為同一個專案。	為改善產品品質，公司組成「品質管理小組」，成員包括製造人員、行銷人員與客服人員，以提升顧客滿意為目標。
⑥個體利益小於團體利益原則	個人利益不可凌駕於組織利益。	採購人員代表公司採買原物料時，不應考量人際關係與私人利益，而是以組織利益極大化為原則。
⑦獎酬公平原則	合理且公平的報酬可以調和勞資雙方的關係。	針對員工的工作量提供合理的報酬，如按件計酬及按時計酬法。
⑧集權原則	集權與分權端賴主管干預決策的程度，應視決策特性、企業規模與外在環境隨時調整。	重要的決策由高階主管集權制訂，而影響層面較小或經常發生的例行性決策，則採分權由中階或基層主管決定。
⑨階層鏈原則	從最高管理階層至最低作業階層是一連串的組織層級，命令與訊息皆須遵從階級，層層傳達。	總經理於會議的決策，由各部門主管傳達給部門成員，至於成員的工作績效，則直接向部門主管報告，再由主管統籌與總經理聯繫。
⑩秩序原則	為了提高工作效率並使資源有效運用，人事物皆應適得其所。	公司應配合員工的職涯發展，安排適當的職位，使其發揮所長。
⑪公平原則	管理者充分尊重員工，並遵守勞動契約，對員工一視同仁。	主管公平地對待每個成員，不應有職場性別歧視。
⑫任期穩定原則	為了讓員工無後顧之憂，安心地為組織奉獻心力，應避免不必要的人事異動。	許多日本企業採行「終身雇用制」，提供安定的工作保障，以培養忠誠盡職的員工。
⑬積極進取原則	鼓勵部屬善用智慧與熱忱，發揮創造力。	有些企業允許員工利用15%的上班時間從事自己有興趣的活動，以鼓勵創新。
⑭團隊精神原則	提倡團隊精神，塑造和諧的氣氛。	國際快遞公司組成任務團隊處理「困難包裹」，以團隊合作的力量解決許多突發困境，順利將貨物送到顧客手中。

層級過多，使得上下溝通的效率不彰時，則可在上級同意下，進行跨部門間水平的聯繫。

⑨**秩序原則**：人事物等資源皆適得其所，使各項工作得以有效運作。

⑩**公平原則**：管理者應公正地對待部屬，並鼓勵員工忠實完成工作。

⑪**任期穩定原則**：人員流動率高是一種無效率的象徵，且員工也需要時間來學習如何做好工作，因此管理者應避免不必要的人事異動，確保員工工作安定。

⑫**積極進取原則**：管理者應鼓勵部屬積極創新，並提供員工發揮創造力的空間，激發員工的工作熱忱。

⑬**團隊精神原則**：灌輸員工「團隊就是力量」的概念，並塑造分享的團隊文化以強化成員間的情誼。

行政管理的興起②：韋伯的科層體制理論

韋伯生於一八六四年，是一位德國的社會學家。他透過觀察普魯士政府部門的運作情況，提出「科層體制」的概念。科層體制是一種依據角色權責、勞務分工及規範所建構的層級組織，組織可表現出高度的一致性與穩定性，代表一種正式而嚴格的管理方式，具備以下六項特點：

①**組織高度分工**：在科層體制下，每個職位的責任與權力皆明文規定，每個成員有其職掌，並依法行使職權，導致組織高度分工，此時，任務可解構成例行性且專業化的各項工作，有助於提高執行效率。

②**權力層級體系**：組織的每個成員受上級主管監督，並將命令傳達給下層人員，增強管理者對部屬的控制。

③**正式的法律與規範**：為了規範成員的行動，組織需明文規定所有的作業程序，重大決策也應依規定建檔，做為行為指導與記錄保存之用。

④**正式遴選**：以技術水準做為挑選員工的基礎，並依照績效與年資做為升遷的考量。

⑤**秉公不徇私**：在科層體制下，所有成員一視同仁，在執行規定時，不考量社會地位與個人關係，沒有人可以享受特別待遇，一切秉公處理。

⑥**雇用承諾**：員工加入組織需先經過公開的考試，合格後始予任用，為了使員工真誠投入工作，安心地貢獻所長，除非員工犯錯，可依規定加以免職外，組織不得任意終止與員工的聘僱關係。

韋伯相信，只要組織建立了明確的層級體系、制訂詳細的法規可供依循、任務高度分工且摒棄私人關係，那麼即使是日益龐大的企

業，也可高效率地運作。雖然在現實生活中，不容易找到完全符合以上特點的企業，但是科層體制已被視為一種相對理想的組織結構，往往被公營機構和大公司所應用。

行政管理學派的貢獻

比較費堯的十四項管理原則及韋伯的科層體制，不難發覺其中有許多異曲同工的概念，諸如強調分工、紀律、階層、權責相當及任期保障等主張，從這些被強調的主張可推知工業革命之前的管理方式必然較為散漫，對工人也較無保障，而費堯和韋伯所提出的行政管理論述強調規章制度，可使組織運作有所依循，有效率地管制主管與員工行為，組織效能因而提升。

科層體制的六大特點

科層體制
- 德國社會學家韋伯所提出。
- 依照成員的權利義務、分工以及明文規定的組織規範設計組織。

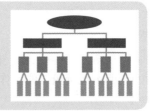

六大特點

1.組織高度分工
成員的職權與職責皆有法規可循，工作內容定義清楚，簡單具例行性。

2.權力層級體系
每個下級階層都受上級階層所監督控制。

3.正式的法律與規範
組織的作業程序與法規皆明文記載。

4.正式遴選
員工的遴選以技能為考量，升遷也以明確的賞罰標準為依據。

5.秉公不徇私
員工的績效完全依照客觀的資料加以評估。

6.雇用承諾
保障員工的任期，使成員能專心處理事務，並對組織忠誠。

優點
- 紀律嚴明，可有效地管理成員的行為，對於工人也較有保障。
- 組織順暢運行，可以提高效益。

缺點
- 過度強調組織規章的儀式，工作變成例行公事。
- 缺乏彈性，若無法回應環境變化時反而喪失效率。

行為學派①：霍桑實驗

古典學派由機械性的觀點看待組織和員工的工作，行為學派則脫離冷漠，以人性的角度出發，重視個人的態度與行為，主要探討管理者如何激勵員工，進而提高生產力，其中最知名的研究就是「霍桑實驗」。

霍桑實驗研究①：繼電器裝配工作實驗

一九二〇年代，正值美國經濟大恐慌，企業紛紛倒閉，失業率更不斷攀升，為了提振生產力，美國西方電器公司邀請哈佛大學教授梅歐及其學生於伊利諾州的霍桑工廠進行了一系列的研究，稱之為「霍桑實驗」。

第一項研究是探討工作環境對生產力的影響，主題是照明與生產力的關係，研究人員希望藉由實驗，證明個人產出與照明強度有直接相關。首先，研究小組將工廠的員工分為實驗組與控制組，實驗組在不同的照明下工作，控制組則在固定的照明下運作，研究人員發現，當實驗組的照明度增強時，兩組的產出同時增加，而當實驗組的照明強度減弱時，兩組的產出仍持續增加，因此，實驗結果得知，照明度並非生產力最大的影響因素。

為了釐清提高生產效率的方法，研究小組繼而控制其他因子，他們陸續改變了薪資比率、休息時間以及午餐品質等操作因素，但令人驚訝的是，隨著每一項實驗的變化，工人愈來愈努力，效率也愈來愈高，顯示各項生產條件未如預期般對生產力造成重大的影響。

這項驚人的發現，使得梅歐開始研究社會和心理因素與生產力之間的關係，他認為之所以產生這樣的結果，主因即為工人們認為自己是實驗中被觀察的特殊人物，他們引起了極大的注意，感受到被關心且被期待做好某件事，因此會盡一切努力達成他人對自己的預期，每當生產條件發生變化時，皆刺激工人提高生產效率。這種現象就是著名的「霍桑效應」，意指人們知道自己成為觀察對象後，對原本行為產生影響的傾向。

霍桑實驗研究②：面談計畫

於是，研究小組開始關心員工的心理因素，他們花了三年多的時間，訪談兩萬多名的員工，在面談

▌ 霍桑效應的啟示

霍桑效應除了應用於管理學外，對教育學及心理學也有重大貢獻，許多研究發現，叛逆的小孩往往來自於不幸福的家庭，由於長輩疏於照顧、缺乏家人的關愛，導致小孩誤入歧途，是一種「反向」的霍桑效應，相反地，一個品學兼優的學生，由於比其他同學獲得更多讚揚，而更加用功學習，則是霍桑效應的「正向」表現。

霍桑實驗的重要發現

研究 1
繼電器裝配工作實驗

研究主題：
工作環境與生產力的關係。
研究方法：
● 將配電器裝配工人分為實驗組與控制組。
● 分別操控照明度、薪資比率、休息時間以及午餐品質等變數。

實驗組　　控制組

結果
不論如何操控變數，
生產力皆愈來愈高。

發現

霍桑效應
當受試者發現自己成為研究觀察對象時，刻意改變行為的傾向。

研究 2
面談計畫

研究主題：
了解員工的心理感受。
研究方法：
● 花費三年多的時間，訪談兩萬多名的員工。
● 面談過程中，員工可向上級充分表達自己的意見，而主管則不做出任何回應，僅止於傾聽。

主管　　　　　員工

結果
參與計畫成員的生產力明顯提升。

發現

心理因素的重要性
員工的不滿情緒若予以紓解，有助生產力的提升。

研究 3
捲線作業觀察

研究主題：
分析非正式組織的行為。
研究方法：
觀察捲線作業員的工作狀況。

派系1

派系2

結果
員工私下成立派系，有各自的主張，形成一種非正式的規範。

發現

非正式組織的存在
員工同時受正式的法令規章以及非正式組織的牽制所約束。

勞工 ＝ 「經濟人」 ＋ 「社會人」

● 勞工雖然重視經濟報酬，但同時也受人群活動所影響。
● 開啟行為研究的大門，帶動人際關係與人群互動的相關研究。

過程中，員工可以向上級充分表達自己的意見，乃至於工作上的任何不滿，而主管則被要求不對員工的抱怨做出任何回應，僅止於傾聽，最後研究發現，參與計畫的成員因為有了可以宣洩心中積怨的管道，可使工作壓力降低；另外，員工也在面談時提出實際工作中遇到的問題，萌生與組織共存亡的參與感，有助於生產力的提升。

霍桑實驗研究③：捲線作業觀察

　　研究小組進而進行捲線作業觀察，希望有系統地分析非正式組織的行為，他們發現，若由小組自行決定一天的工作量，基於自利的心理，小組擬定的標準常低於管理者的標準，此外，捲線作業的成員私底下又分為兩個派系，有著各自的主張，且同派系的人參與相同的活動時，便會拒絕另一派系的成員加入，形成一種非正式的規範。這項研究最大的貢獻，便是發現「非正式組織」，如派系、小團體、聯誼社等的存在，組織的每個員工除了受正式的法令規章所影響外，也必然受非正式組織的規範，如私人關係、流言傳播等所約束，形成影響生產力的社會因素。

　　值得注意的是，企業內存在非正式組織並不必然是件壞事，因為一個企業的運作並非單靠正式的規章制度就能解決問題，為了達成組織目標，管理者有時也需仰賴非正式組織的無形約束力來管制員工行為，因此一個成熟的管理者不應制止非正式組織的形成，而應以正向態度時時留意公司內非正式組織的發展，巧妙運用使其成為助力，而非隱憂。

勞工不僅是「經濟人」更是「社會人」

　　霍桑實驗的起源為探討工作環境與生產力之間的關係，原本是以科學管理為出發點，然而，研究結果卻意外地推翻了從泰勒以來將金錢當成唯一工作誘因的主張，促使人們開始重視員工的心理因素，同時檢討過去將人視為機器的管理方式。

　　梅歐發現，員工在實驗中感受到深獲重視，以及管理者所給予的特別關懷，可促使他們更賣力工作，說明了勞工不僅是追求物質刺激的「經濟人」，更是受到人群互動等社會因素所影響的「社會人」，因此，為了提高生產效率，除了科學管理外，管理者也不可忽視人際關係的影響。

霍桑實驗開啟了行為研究的大門

　　梅歐發現社會和心理因素會對人類行為產生影響的全新觀點，開啟了行為研究的大門，帶動後續有關人際關係與人群互動的相關研

究，成為管理思想發展史上重大的轉捩點，這可說是霍桑實驗最大的貢獻；此外，研究結果提示了社會情境的影響力，也成為心理學與社會學探索的重要議題，更奠下領導與激勵理論的基礎。

科學管理觀點vs.霍桑實驗觀點

科學管理觀點

霍桑實驗觀點

重視科學、生理因素

將生產活動切割為細部動作，以量化的方式找出執行每個動作的最有效方法，提高工作效率。

生產效率

重視社會、心理層面

勞工的生產效率取決於人群互動等社會規範，而非人的生理能力。

以物質獎勵

- 泰勒提出按件計酬的薪資體系，並對績效佳的員工頒發獎金。
- 甘特提出對領班給予紅利的獎勵方式。

獎勵方式

以非物質獎勵

關心員工、面談等非經濟的報酬明顯影響人的行為，大幅限制了物質刺激的作用。

強調組織規範

組織紀律愈嚴明，主管對下屬的控制程度愈高。

組織
約束力

重視非正式組織

工人所形成的非正式組織有著無形且強大的約束力，可規範員工的行為。

行為學派②：人際關係觀點

霍桑實驗的研究結果指出，員工的生產力會受人際互動所影響，且管理者對員工的關心可提供員工滿足感，進而導致較佳的績效，催生了行為學派之人際關係觀點，代表學者包括馬斯洛及麥克瑞格。

一個人擁有五種需求

馬斯洛是一位心理學家，他於一九四三年提出了極為著名的「需求層級理論」，主張人的所有行為都是以滿足需求為出發點，且人的需求可依次分為：生理需求、安全需求、社會需求、自尊需求與自我實現需求。因此，只要能滿足人們的需求，就能形成行為的誘因。需求層級理論應用於管理時，提醒了管理者應注重員工的需求為何，並以提供可滿足其需求的因素為誘因，激勵員工努力工作，說明如下：

①**生理需求**：是人類為求生存最基本的需求，如飲食、衣服、住所等，生理需求應用在職場中，則指空調設備、合宜的薪資。

②**安全需求**：指對人身安全、未來保障，以及財產安全等需求，在組織中，是指工作不危及身心安全、不被無故解雇等需求。

③**社會需求**：指對愛、友情與關懷的需求，例如在職場中受團隊成員喜愛、獲邀參與團體活動等需求。

④**自尊需求**：指感受到自我存在的重要性與價值性，包括自信、名聲、社會地位等皆屬自尊需求，在組織中，則指工作成果受他人推崇、被賦予更高的職位與職權。

⑤**自我實現需求**：個人達到人生終極目標、實現夢想的需求，例如組織幫助個人啟發創造力、開發潛能。

低層次的需求應先得到滿足

馬斯洛主張「衣食足而知榮辱」，認為人類的五種需求有其優先順序，低層次的需求滿足後，人們才會產生高層次的需要，因此當生理與安全需求滿足了，才會進一步追求社會、自尊與自我實現，倘若在需求滿足的過程中，某一個層級的需求未獲滿足，則人類將停滯不前，不會退縮到下一層需求，也不會跳躍至更上一層的需求，而是堅持於未滿足的需求，這提示出管理者應以提供組織成員生理、安全等較低層次需求的保障為首要任務。

高層次的需求不易滿足

低層次的需求雖然應優先滿足，但是滿足的方法眾多，相較之下，要滿足愈高層次需求就愈顯困

需求層級運用於組織管理的做法

需求層級理論

低

容易滿足的程度

高

一般人會由低層次向高層次追求滿足

自我實現
例 開發潛能

自尊需求
例 地位、名聲、自信

社會需求
例 愛、友情、關懷

安全需求
例 人身安全、財產安全

生理需求
例 食物、衣著、住所

運用於組織管理

低

容易滿足的程度

高

組織成員亦會由低層次向高層次追求滿足

自我實現
例 組織提供各種訓練，啟發員工的潛力

自尊需求
例 組織對員工認同，提供地位、職權

社會需求
例 組織提供良好的團體活動、單純的人際關係

安全需求
例 組織提供安全的工作環境、醫療、退休津貼

生理需求
例 組織提供足夠的空調、飲水、基本薪資

難；即使長時間缺乏飲食會使人喪命，但是在物資豐饒的今日，活活餓死人卻難得一見，有趣的是，沒了面子不會危及生命，但獲得別人的尊重卻比填飽肚子困難得多，因此低層次的需求雖然有滿足的急迫性，但是最難滿足的，卻是自尊、自我實現等較高層次的需求。應用在管理時，管理者可透過公開表揚員工的優異表現、提供進修或升遷機會等方式滿足員工。

人性的兩種假設：性善與性惡

　　麥克瑞格是俄亥俄州一家學院的校長，他認為一個成功的管理者不僅要獲得員工的愛戴，更需進一步了解員工對工作的態度為何，並曾於一九六〇年出版的知名著作《企業的人性面》中提到「人性的兩種假設」—X理論與Y理論，從此揚名後世。

　　簡單來說，X理論象徵「性惡論」，對人性抱持悲觀的看法，認為員工沒有企圖心、不喜歡工作、避免承擔責任且抗拒改變，主張工作是為了維持生活，因此在工資確保的情況下，符合X理論的員工常常藉機偷懶，工作缺乏熱忱，管理者必須嚴密地加以監控，才能鞭策員工有效地工作。

　　相反地，Y理論象徵「性善論」，對人性抱持樂觀的想法，認為員工自動自發、喜歡有挑戰性的工作、樂於承擔責任且追求成就

感，因此管理者在目標設定時便可讓員工參與其中，成為一種無形的鼓勵。

針對不同的人性採取不同的管理方式

　　雖然有些學者認為麥克瑞格將人性分為兩種截然不同的態度過於武斷，畢竟每個人或多或少具備X理論與Y理論的特質，但是他的主張卻對實務界產生極大的貢獻，受到後世所推崇，例如，針對Y理論特質較多的員工，管理者可利用公開讚賞及教育訓練的方式進行激勵，強化員工的貢獻；對X理論特質的員工則可以發放紅利、升遷等方式誘使其努力工作，並為員工設立典範，激勵其他X理論特質的員工表現出相當的績效以獲取同等的報酬。

　　麥克瑞格的主張也有助於人力徵選。雖然具備Y理論特質的人較具責任心，但是進行人才招募時，絕非一味地找尋Y理論特質的員工，而應先行分析職缺的工作內容，針對工作內容找出適合的人選。例如組織中例行性的工作通常較缺乏挑戰性，因此適合派X理論特質的員工執行，若是指派了Y理論的員工，恐怕無法滿足其追求成就感的特質，因而求去。至於專案管理以及廣告AE等工作，由於工作時數長，需要強烈的工作熱忱支撐執行者，由Y理論特質的員工負責更為適才適用。

X理論與Y理論

X理論

被動消極的人性假設

Y理論

主動積極的人性假設

● 員工天生不喜歡工作，會盡可能逃避工作。 ● 不喜歡負擔工作責任，會盡量尋求正式的指揮。 ● 只想追求生理與安全需求的滿足，野心不大。	人格特質	● 員工樂在工作。 ● 學習負擔責任，甚至主動要求負責。 ● 追求社會、自尊及自我實現等較高層次的需求。
必須施以強迫、嚴密控制，或是處罰等威脅手段以確保目標達成。	管理方式	若認同目標，會進行自我管理，因此管理者可利用參與式管理讓員工更了解工作內容，提高其認同感。
較缺乏挑戰性、不需要費心的例行性工作。	適任職務	能滿足其追求挑戰的特質、需要強烈工作熱忱的創意性工作。

量化學派：管理科學觀點與作業管理觀點

量化學派源起於二次大戰期間，上承科學管理的精神，量化學派運用計量與電腦模擬等技巧分析複雜的企業問題，逐漸分支為管理科學觀點與作業管理觀點。

量化學派起源於二戰戰術

二次大戰期間為人熟知的不列顛空戰，英國軍隊以寡擊眾保衛國土的事蹟至今仍讓人津津樂道，而他們的關鍵成功因素，就是依賴數學與統計方法有效地分配有限的作戰資源。一九四一年，美國加入戰爭，開始學習英國的作戰方式，成立了作戰規劃小組，除了研究如何讓軍隊、潛艇以及軍事設備進行最佳配置，規劃小組也研擬偵察機的最佳飛行路線、敵人潛艇的座標定位等複雜的軍事問題，使軍力如虎添翼，對戰績有強大的貢獻。

管理科學：運用數學運算找出解決方案

戰後，這些分析技術被沿用於企業界，包括福特、杜邦、奇異等大公司開始應用相同的數量方法進行員工配置、倉庫規劃及廠址選擇等決策，他們以精密的數學方程式和電腦模擬等科學管理的方式找出執行作業的最佳方案，成功提高了企業的運作效率，被稱為「管理科學」。例如：聯邦快遞在處理郵件時，便以管理科學的計量方法，縝密計算出人力需求量及包裹的啟程時間。愛迪生電器公司則利用精密的數學模型找出停電時，修護人員進行維修的最佳路徑。克萊斯勒及福特汽車利用電腦來模擬汽車碰撞時，對駕駛人以及車體可能造成的各種傷害，而不必真正進行汽車衝撞。這些案例，都是管理科學於企業界的應用實務。

然而，即便管理科學可以為企業解答許多複雜的難題，由於其概念著重數理邏輯等理性分析，不易應用於兼具科學與藝術成分的管理領域，且建構數學模型耗時耗力，電腦模擬工具則成本高昂，因此除非是對組織長遠發展具重大影響的複雜問題，一般情況下管理者並不會輕易採用。

作業管理：應用性的管理科學

管理科學的方法雖然客觀，但是過於側重數學模式也使其適用性受到限制，賦予了「作業管理」理論發展的空間。作業管理與管理科學一樣重視以邏輯分析來解答問題，但不像管理科學需要精密冗長的計算，只需運用簡單的算數，便可獲知解答，雖然過程較不嚴謹，但去除了複雜的統計技術而可以直接應用於管理問題，可視為應用性的管理科學。

作業管理同樣遵循科學管理強

調效率的原則，常被應用於存貨管理、生產計畫與工作排程上，應用於存貨管理時，可幫助管理者在倉儲成本及訂購成本中找到一個平衡點，決定最適的訂購量，此外，等候線理論、損益兩平分析等常見的管理技術皆屬於作業管理的範疇，已廣泛應用於行銷與財務等領域。

作業管理教你聰明選擇廠址！

作業管理

概念 遵循科學管理的以邏輯分析方式找出最佳決策的概念。

做法 將所遇到的管理問題轉化成可具體衡量的因素，運用簡易的算數來找出問題的解答。

實例 小美籌足資金準備開一家花店，親友推薦了台北市區、基隆市、彰化田尾鄉三個地點，小美要從三者中選擇成本最低者，便應用作業管理的分析技巧來選擇開店地點。

Step1 將選擇廠址所需考量的成本轉化為具體的衡量因素

選擇廠址的首要考量是降低「地區成本」、「外部分配成本」以及「內部分配成本」等三種成本。

● **地區成本**：當地的天候狀況、勞力供給及稅賦等條件。
● **外部分配成本**：是指產品的運輸與配銷通路所產生的成本。
● **內部分配成本**：指供應原物料所發生的成本。

Step2 依實際情況分別評估選項

小美開店所需成本共有勞力成本、天候狀況、原物料距離、市場距離四種，再判斷三個地點的所需成本的情況。

	台北市區	基隆市	彰化田尾鄉
勞力成本	高昂	中等	低廉
天候狀況	陰晴不定	陰雨綿綿	陽光充足
原物料距離	距多數鮮花產地遠	距多數鮮花產地遠	產有各種鮮花
市場距離	本身就是市場	離市場距離近	為著名觀光景點，遊客眾多，本身就是市場

Step3 依據分析結果進行最後評估

三地點相較而言，彰化田尾鄉的氣候溫和，適合花草生長，本來就是各類鮮花的產地，近年配合政府發展觀光業，更成為旅遊勝地，周邊花店林立，市場需求量大。而產地兼市場的特性，更為商家減少了一大筆運輸費用，無論是勞力成本、天候狀況、原物料距離或市場距離所需成本皆最低，於是小美便選擇於彰化田尾鄉為開店地點。

新興學派①：系統觀點

回顧古典學派、行為學派與量化學派的主張，可以發現諸多學派的看法並不相互牴觸，而是隨著不同的時代背景與實務需求彼此修正、互相輔助，因此強調整合性的新興學派逐漸形成，以系統觀點與權變觀點為代表。

系統觀點的概念

　　人體的生理系統包括了消化、神經、循環及呼吸等四大子系統，支撐著人類的所有活動。組織就和人類一樣，必須仰賴內部子系統正常的運作，同時與外在環境保持良好的交換關係才得以生存，此即系統觀點的中心思想。

　　所謂「系統」，是一組相互關聯的零組件一同運作所形成的一個整體，而「系統觀點」即視組織為每個零組件環環相扣、以達成共同目標的系統。組織可被拆解為數個子系統（零組件），而組織本身便是由許多子系統集結成的一個總系統。然而，若將視野放大，大環境是一個總系統，而各個組織即是當中的子系統，此時組織便同時扮演著大環境的一個組件（子系統），同時也是完整組織的總系統。

企業是開放系統

　　所有的系統都可以歸納為兩種類型：封閉系統與開放系統。所謂封閉系統，是指獨立於外在環境的系統，亦即不與外界互動、自我存在的系統，由於缺乏外在刺激，沒有活水注入，封閉系統最終邁向死亡。開放系統則不然，它積極地與外在環境保持動態關係，不斷自外界取得資源，透過內部的運作過程產出成果，再將成果回饋給環境，例如販售商品、提供服務或回饋社區，如此生生不息。因此，不論是企業、社團、學校……等各型態的組織都屬於開放系統，而管理學所討論的系統也為開放性系統。

開放系統的四要素

　　開放系統能生生不息地運轉，是因其具備投入、轉換、產出與回饋等四大要素以維持生存與發展：說明如下：

　　①**投入**：指企業無法自給自足卻不可或缺，仰賴外界支援的要素，如原料、設備、資金及人力，皆屬於投入。

　　②**轉換過程**：指將投入轉換為產出的過程，如管理能力、製造技術。

　　③**產出**：企業釋放至外在環境的成品，如商品、資訊及服務。

　　④**回饋**：指產出提供給市場後，將得到的訊息反應至投入面，如顧客滿意度、競爭對手的反擊。

　　這四大要素使得管理者更宏

觀、全面地了解一個企業組織。在系統觀點提出之前，管理者只能用規劃、組織、領導、控制等管理四大功能，或是生產、行銷、人力資源、研發、財務等五大企業機能來分析管理行為，皆強調企業內部層面的探討，意即屬於系統觀點中「轉換過程」的範疇。而系統觀點的誕生提醒管理者除了注重組織內部的運作外，更必須留意組織與外界的互動，不論是投入、產出或回饋，皆建立在企業與外部的往來交替，維持企業系統不斷循環，公司才能永續生存。

企業是一個開放系統

系統觀點

系統觀點將組織視做具備投入、轉換、產出與回饋等四大要素的系統，管理者除了組織內部之外，也必須與外在環境互動，以維持系統生生不息。

以金飾公司為例，其四大要素與運作情形如下：

外在環境 包括顧客、政府機構、供應商、工會、投資者等。

投入	轉換過程	產出
組織需藉助外界而取得的資源，如原料、設備、資金、人力。	將投入轉化為產出的過程，如製造技術、管理能力。	組織釋放到外界的最終產品，如商品與服務。
例 黃金、資金、機器設備、飾品設計師	例 設計創意、藝術天分、管理能力	例 金戒指、金項鍊

回饋

環境回應給組織的相關訊息，如市場反應、對手的動態。

例 顧客滿意度、回購率、競爭者的反應

新興學派②：權變觀點

系統學派發光發熱的同時，學術界也將注意力集中在如何因應環境及其變化上，發展出「權變觀點」，主張管理方式應視情境而定，沒有所謂的「萬靈丹」，隨著個體與環境的不同，管理方法應因時制宜。

是否有一種最佳的管理方式存在

如同孩童的各個成長階段有不同的發展情況，父母施以管教的重點亦需隨之不同一樣，組織的發展在不同時期也有不同的管理情境；而不同的管理對象適合的管理方式也不相同，因此，「權變觀點」主張沒有一體適用的「最佳」管理準則，只有依內外條件，隨機應變的「最適」管理方法。

不論古典學派、行為學派或是量化學派，皆假設其管理方式能廣泛應用於所有企業體，比方說，推崇泰勒思想的管理者，會利用科學管理建立一套作業的標準流程；奉行馬斯洛需求層級理論的管理者，則可能以滿足員工的需求刺激生產力，但是，隨著環境變遷，人們開始發現僅遵從某一種管理方法所出現的限制與不適用，因此經過實證研究後，學者們提出了權變觀點，認為解決管理問題的最佳途徑，就是打破唯一的管理準則，找回見機行事的彈性。

權變觀點主張①：組織結構應視產業環境而定

權變學派的代表學者首推彭斯與史塔克，他們在一九六一年出版的《創新的管理》一書中，描述產業環境如何影響公司的管理系統，並提出「組織結構應視產業環境而定」，彭斯與史塔克首先將企業面臨的產業環境大致分為兩種類型：安定的環境與創新的環境，繼而主張兩種環境分別適合不同的管理系統，分別是機械式組織與有機式組織：

●**安定的環境適合採機械式組織結構**：當企業所面臨的外在環境變化不大，如供應商的供貨穩定、相關法令行之多年、產業技術發展純熟、顧客偏好短期不易改變時，稱該企業擁有安定的環境。例如台灣的傳統產業，由於需求穩定、技術成熟、突發狀況少，因此適合採取強調作業程序與行政規章的「機械式」組織，以紀律嚴明的規範加以管理，可提高成員的作業效率，較相似於強調規則、層級分明的古典學派。

●**創新的環境適合採有機式組織結構**：當企業所面臨的外在環境

經常變化，如無固定商源、政府法規朝令夕改、產業技術蓬勃發展、顧客偏好多元不定時，稱該企業擁有創新的環境。例如科技產業，技術日新月異，市場競爭激烈，適合採取強調授權以及跨部門溝通的「有機式」組織，較相似於強調互動關係的行為學派。

產業環境如何影響公司的組織結構？

安定的環境	創新的環境
特色：外在環境變化不大 例如： ●供應商的供貨穩定 ●相關法令行之多年 ●產業技術發展純熟 ●顧客偏好短期不易改變	特色：外在環境經常變化 例如： ●供應商不固定或供貨不穩定 ●政府法規朝令夕改 ●產業技術蓬勃發展 ●顧客偏好多元不定

適用組織

機械式組織 強調作業程序、行政規章，嚴密管控組織成員。	有機式組織 強調彈性、個體思考，授權成員參與決策。

管理方法

類似古典學派。	類似行為學派。

實例

傳統產業的環境穩定，不確定性低，適合層級分明、重視紀律的管理方式。	科技產業的環境日新月異，不確定性高，適合授權、講求快速回應的管理方式。

權變觀點主張②：依據變數調整管理方式

權變觀點強調沒有面面俱到的管理準則，管理方式應視情況而定，那麼究竟因何而異呢？以下是四個較常見的權變變數，管理者應考量這些權變變數後，採取適合的管理方式。

①**組織規模**：組織規模小時，管理者可以輕易地掌握員工的工作狀況，且人員單純，管理者大多直接採用口頭溝通，省略繁複的規章制度，因此適合採用有機式組織重視彈性的管理方式。但當組織規模擴張、人員眾多且日趨複雜時，人事物間頻繁互動，協調的問題便浮上檯面，此時管理方式需有所調整，管理者應制訂一套作業標準以供遵循，統一處理經常發生的議題，以提高管理效率，適合改採機械式組織的管理方式。

②**技術的例行性**：作業步驟固定的技術稱為例行性技術，如晶圓代工廠的作業員或速食門市的服務員，皆遵循一套標準作業流程，以提高運作效率，故以機械式組織的管理方式較佳；但重視彈性與獨特思考創意的非例行性技術，如公關公司針對顧客的產品特性而量身打造的電視廣告、企管顧問公司針對顧客所諮詢的問題提出特定解決方案等，會因服務對象的需求不同而採取不同的對策，便應採有機式的管理方式，賦予成員足夠的工作彈性與發揮個人創意的空間。

③**環境的不確定性**：政策、科技、社會文化以及經濟等因素，皆屬於企業無法掌控，但深受影響的外在環境因素，如政黨輪替、產業技術的突破、社會價值觀的變遷及景氣榮枯等，皆會影響企業的經營績效。當企業所面臨的環境不確定性較低，如內需穩定的傳統產業，便適合採取重視秩序與紀律的機械式組織管理方式，使組織內部穩定發展，以呼應安定的外在環境。反之，當企業面臨的環境不確定性較高，如日新月異的科技產業，則適合採取重視彈性的有機式組織，充分授權成員快速回應外部環境的變化。

④**個體差異**：依據人際關係觀點，個體的成長需求、自主慾望與不確定的忍受程度皆不相同，因此適合的激勵方式、領導風格與工作設計也不應一致，而應依據個體的差異有所調整。例如具備X理論特質的員工，成長需求低、自我期望低，適合採取嚴密監控的機械式管理方法，而具備Y理論特質的員工，成長需求高、自我期許高，授權員工參與決策的有機式管理將可帶來激勵效果。

影響管理方式的四個變數

權變觀點

沒有一體適用的管理準則，管理方式應視組織的內外環境而定。考量合適的管理方式時常見的權變變數有四種：

變數 ❶ 組織規模

組織規模小

- **特色**：管理者可以輕易掌握員工的狀況，有利於管理者與成員的溝通。
- **管理方式**：採取有機式管理。

例 10人規模的小型組織，成員溝通容易，適合講求彈性的管理方式。

組織規模大

- **特色**：組織層級增加，管理者面臨協調溝通不易的問題。
- **管理方式**：採取機械式管理。

例 100人規模的組織，上下協調不易，宜制定明確的規章程序便於管理。

變數 ❷ 技術的例行性

技術具例行性

- **特色**：可以發展出一套作業流程。
- **管理方式**：採取機械式管理。

例 郵差的分類信件與送信工作，技術例行性高，可以發展出一套標準的作業流程以資管理。

技術非例行性

- **特色**：因服務對象不同的需求而採取不同的技術。
- **管理方式**：採取有機式管理。

例 插畫設計重視創新力與獨特的技巧，技術例行性低，適合講求互動溝通、授權的管理方式。

變數 ❸ 環境的不確定性

環境確定性高

- **特色**：外在環境變化較小。
- **管理方式**：採取機械式管理。

例 受政府保護與經費補助的教育產業。

環境確定性低

- **特色**：外在環境變化較大。
- **管理方式**：採取有機式管理。

例 技術升級快速的半導體產業。

變數 ❹ 個體差異

員工具X理論特質

- **特色**：成長需求低、自主期望低。
- **管理方式**：採取機械式管理。

例 針對工作觀為「工作只是混口飯吃的」的員工，需嚴密管控防止行為懶散。

員工具Y理論特質

- **特色**：成長需求高、自主期望強。
- **管理方式**：採取有機式管理。

例 針對工作觀為「工作是為了獲取成就感」的員工，授權使其參與決策，可有效激勵員工更賣力工作。

3 組織環境

組織是一個開放的系統，代表企業內部營運情況的「內部環境」和代表企業外在各項條件的「外部環境」時時刻刻不斷交流，管理者的任務之一就是同時關注內外部環境，兩者不可偏廢。透過內部環境分析，管理者可以洞察組織的優勢與劣勢；而外部環境分析則有助於了解供應商、既有廠商、顧客、潛在進入者及替代品帶給組織的機會與威脅，藉此，管理者才得以擬定適當的策略，讓組織歷久不衰。此外，健全的社會提供企業發展的基礎，而企業對社會的回饋亦可帶動社會發展，組織和環境其實有著唇齒相依的互賴關係，因此，企業倫理與社會責任等講求組織與環境維持良好互動的概念漸漸興起，成為企業追求基業長青所不能忽視的面向。

- 組織必須面對哪些環境？
- 內部環境包括哪些要素？
- 何者構成了任務環境？
- 總體環境如何影響企業經營？
- 如何利用五力分析解析產業環境？
- 如何利用SWOT分析釐清利弊得失？
- 如何塑造企業文化？
- 何謂企業倫理？
- 為什麼企業應該負起社會責任？

組織環境

組織環境可分為內部環境與外部環境。前者是指隸屬於組織管轄範圍內的要素,如員工、股東、董事會等;後者則是指組織無法控制、但必須與其維持良好互動、並隨時回應其變化的要素,如顧客、供應商及競爭者等。組織鞏固好內部環境,就能因應外在環境的衝擊。

企業的內部環境與外部環境

由系統觀點(參見48頁)可知,企業是一個具有投入、轉換、產出及回饋的開放系統,其中除了「轉換」是企業內部透過管理方法由成員分工完成外,不論「投入」、「產出」或是「回饋」均需要企業與外部環境如供應商、顧客和競爭者之間頻繁互動。由此可知,企業一方面必須協調系統內部各功能角色、環節的運作,使「轉換」過程順暢具有高產出;另一方面,也需與外在環境建立良好的流通管道,讓「投入」、「產出」和「回饋」的過程均可通暢無礙。

由於組織的外在環境範圍相當廣泛,既包括了對企業運作、達成目標有直接、立即影響的顧客、供應商、競爭者等,以及對企業影響較為間接、但仍需考量的政府法規、社會文化、經濟條件等,任何一部分發生問題皆會對企業產生衝擊。因此,如何有效經營內部環境,使組織正常運作,並與不論對企業有直接或間接影響的外部環境建立彼此交換、相互影響的良好關係,也就成了企業管理上最重要的課題。

先安內才能攘外

常言道「修身、齊家、治國、平天下」,企業經營也是如此。組織必須先做好內部控管,確保內部運作良好,才有實力因應外在環境的挑戰。因此,企業對外在環境的適應性,其實是建立在內部的經營效率上,而強化企業內部的管理便成為經營者的首要考驗,以內部資源的運作效率極大化為終極目標。

組織的各種「利益關係人」

組織有許多與其有利益關係的人員,稱為「利益關係人」,皆為管理組織時應了解、掌握的重要因素,分為內部利益關係人與外部利益關係人,前者是指與組織有切身關係,如員工、股東等包含於組織內部環境的人員,後者則是指顧客、供應商、政府、產業公會等不擁有組織、也不為組織工作,但與組織有利益關係的單位。

組織環境的構成因素

內部環境
組織內部所有構成要素。

員工	辦理各項業務、協助組織達成目標的人員。
董事會	全體董事組成的議事組織，為監督組織執行事務的必要機關。
股東	持有公司股份的人，相當於公司的所有者。

組織環境
與組織運作相關、會影響組織績效的人、機構或力量。

外部環境
位於組織以外的所有要素。

顧客	組織產品、服務的銷售對象。
供應商	提供生產所需原物料、零組件的上游廠商。
競爭者	與組織競爭同樣的資源、顧客的同業。
利益團體	一群人為了實現共同目的，保護或增進本身利益所組成的團體。
人口統計	當地人口特性的趨勢，如性別、年齡、教育程度、地域分佈、所得、家庭狀況等資訊。
社會文化	當地社會潮流，如價值觀、風俗、習慣等。
法律	與組織經營相關的法制，如公司法、公平交易法。
經濟	利率升降、通貨膨脹、景氣循環等總體經濟發展的狀況與未來趨勢。
科技	生產技術的發展與改良狀況
國際環境	全球的產業分工狀況、各國發展趨勢。

內部環境

企業的內部環境泛指組織管轄範圍內的所有組成要素，包括員工、股東、董事會等與內部利益息息相關者。做為公司所有人的股東，主要目標在於決定組織營運方向，以賺取更大利潤；其所選出的董事會則負責管理企業內部活動，並領導員工完成組織目標。

員工

員工是指組織透過甄選程序，合格後正式聘用以協助完成任務的人員，由於組織講求各部門協同運作，各部門因特性、工作內容均有差異，因此必須依實際需求選任專業人員負責各項任務。員工可以協助落實公司的經營理念，有如企業的夥伴，他們與公司同舟共濟，是組織的內部環境中相當重要的要素之一。組織對員工的管理，首重適才適所、激發潛能，使其在執行組織任務的同時，也能追求個人成長。

股東

股東是指藉由投資而持有公司股票，成為公司所有人者。目前大公司的主要型態為「股份有限公司」，公司是藉由發行股票募集資本，才得以營運、發展，因此，做為出資者的股東可以享有盈餘分紅等權益，也有權參與公司的重大決策，以獲取利潤為主要目標。

企業的營運方針、重大決策皆需由股東大會投票所決定，由於投票權是依據所持有的股份按比例計算，因此擁有較多股份的大股東在決議具更大影響力。由於股東人數眾多，股東大會無法經常性召開、也不易直接參與經營，因此會於股東大會推選出實際管理企業內部事務的董事做為代表。

董事會

董事是指在股東大會中被推選出的股東代表人，對外可代表公司，對內則監督公司營運事務，所有董事組成的議事組織即為「董事會」，聘任高階經理人（如執行長或總經理）來執行實際的經營管理，並予以監督，確保企業所有的營運活動以股東利益極大化為原則。董事會負責擬定組織整體的目標與策略，並掌握重大決策的裁量權，一舉一動皆攸關企業的生存。此外，當董事會有重大決議，如發行公司債、現金增資……等，都會使經營者的工作目標、任務連帶受影響，可說具有舉足輕重的地位。

內部環境的三種利益關係人

股東

● 投資購入公司股票,成為公司所有人。
● 可以享有盈餘分配,參與公司決策等權利。
● 以獲取利潤為主要目標。

股東大會分紅

↓ 選任

董事會

● 由董事(股東代表人)所組成,負責監督企業內所有活動確實符合股東的利益。
● 董事會聘任高階經理人(執行長、總經理)執行營運事務,並予以監督。

↓ 遴選

員工

● 組織透過甄選程序,合格後正式聘用以協助
● 完成任務的人員。
● 協助落實營運方針、完成組織目標。

外部環境①：任務環境

任務環境是指會直接影響企業經營績效的外部環境，主要由顧客、供應商、競爭者以及利益團體所構成。要有效管理任務環境，企業必須即時回應顧客需求、確保供應商供貨品質穩定、價格合理，並發展自己的競爭優勢，且積極回應大眾期許，以在激烈的市場競爭中突破重圍。

什麼是任務環境？

「任務環境」是指與企業經營績效直接關聯、影響企業經營目標能否達成的環境因素，例如顧客消費習慣的改變影響公司產品的需求、上游供應商的漲價影響組織的成本結構、競爭對手的攻擊侵蝕現有產品的市占率等，因此又稱為「直接環境」。由於所指內涵包括企業產品訴諸的顧客對象、上游供應商、相同產業的競爭者，以及與企業具利害關係的利益團體，透過任務環境分析可描繪出在相同產業環境中的企業所共同面臨的處境，因此任務環境亦稱為「產業環境」或是「市場環境」。

顧客

顧客是企業產品銷售與服務的對象。顧客對企業產品的滿意度與忠誠度，會直接影響企業經營的績效，甚至是企業的存亡，因此留住老顧客、開發新顧客是企業永遠的挑戰，而提供滿足顧客需求的產品與服務，則為取悅顧客的不二法門。例如，摩斯漢堡觀察東方人的飲食偏好，推出米漢堡就是迎合顧客口味的實例。

供應商

供應商則是提供企業生產所需的原物料與零組件的廠商，對公司的營運同樣有直接的影響，例如對製造麵包、麵條的公司而言，當上游麵粉供應商的麵粉價格上漲，就會引發生產的麵包、麵條成本提高、利潤減少，或使得產品價格調漲、競爭力降低。當供應廠商發生罷工，導致原物料短缺時，可能造成公司產品的生產延遲，拖延交貨時間，使公司的信譽蒙上陰影。因此，許多公司為了分散風險，往往同時與數個供應商維持往來關係，以避免單一或少數供應商缺貨、或任意哄抬價格時遭受連帶影響與損失。

競爭者

與企業爭奪同樣的供應商資源及顧客的其他企業，即為「競爭者」。不同的產業特性會影響競爭者的多寡，當產業的進入障礙高時，競爭者少，例如鐵路業講求大量的資金與人力，加上政府的保

任務環境內的相關者

─── 任務環境 ───

對組織運作績效具有直接、立即影響，且對組織目標的達成有直接關連的外部環境。

─── 顧客 ───

指組織的產品或服務的對象。顧客的購買力、使用習慣、對產品的偏好等對組織利潤有直接的影響。

回應原則 提供滿足顧客需求的產品與服務品質以留住老顧客、開發新顧客。

例 傢俱行的顧客包括建商、新居落成或重新裝修房屋的一般消費者。

─── 供應商 ───

指提供生產所需的原物料、零組件的上游廠商。供應商貨源的穩定性、原料的品質等會對公司產品有直接影響。

回應原則 同時與數個供應商維持往來關係以分散風險，避免單一或少數供應商缺貨、或任意哄抬價格時遭受連帶影響與損失。

例 傢俱行的供應商為櫥櫃、沙發、床組等各式傢俱製造商。

─── 競爭者 ───

與指組織爭奪相同資源、顧客的廠商。競爭者的多寡與競爭者的行動會對公司的策略有直接影響。

回應原則 產業競爭者少時，企業應透過持續壯大自己的實力以嚇阻潛在競爭者加入；而產業競爭者多時，企業應致力於發展產品或服務的獨特性，達到區隔的效果。

例 傢俱行的競爭者除了同屬性的傢俱行外，亦包括訴求由消費者自行組裝傢俱的傢俱生活館。

DIY

─── 利益團體 ───

指為了爭取某些特定利益而組成的社會團體。利益團體的訴求會對公司形象造成直接影響。

回應原則 為了維護企業形象，且善盡回饋社會的企業社會責任，多數公司會選擇與利益團體站在同一陣線。

例 傢俱行引進綠建材製造的傢俱，迎合環保團體的主張。

環保傢俱行

護,有效遏止了其他廠商進入產業的意圖;相反地,若產業進度障礙低,競爭者便多。例如喧騰一時的葡式蛋塔,由於產品技術簡單,資金需求也低,易吸引業者加入戰局。當產業競爭者少時,企業可透過持續壯大自己的實力以嚇阻潛在競爭者的加入;而產業競爭者多時,企業應致力於發展產品或服務的獨特性,以和其他競爭者有所區別,提高辨識度。

除了競爭者的多寡影響組織的發展外,競爭者的一舉一動也會牽動組織的策略走向,例如石化業,雖然進入障礙高、企業較少,但競爭卻相當激烈,例如中國石油與台塑石油的較勁。因此窺探競爭者的行動、預測競爭者的反擊都是企業能否致勝的關鍵。

利益團體

利益團體則是指為了爭取某些特定利益而組成的團體,如環保團體、公平交易委員會、婦女團體⋯⋯等。利益團體是由具有共同理想、共同訴求的個人所組成,他們的行動多是為了伸張特定議題,當企業從事的活動與利益團體所訴求的主張相違背時,便會遭受利益團體的抗爭,通常對組織形象具負面影響,例如,環保團體抗議商家使用塑膠袋、反對高級時尚品牌銷售皮草與真皮皮包。反之,企業的活動與利益團體的訴求相符時,則

對企業有正面加分效果,例如銷售再生紙的公司獲得環保團體的支持,因而促成更廣泛的行銷效益。因此,基於良好的企業形象與回饋社會的企業社會責任,多數公司會選擇與利益團體站在同一陣線,正面回應大眾對企業的期許。

外部環境②：總體環境

不像任務環境對組織有直接的衝擊，總體環境的變化緩慢且對組織的影響力道較小，但管理者仍須留意人口統計環境的趨勢，經濟情勢的起落、社會價值觀的變遷、經營的合法性、新技術的發展與國際情勢等六個面向，才能敏銳回應總體環境的衝擊。

什麼是總體環境？

總體環境是指對企業經營具有間接影響的外部環境，如經濟、社會文化等的變化。總體環境非個人所能駕馭，但卻深入地影響與企業經營直接相關的任務環境，進而帶給組織巨大衝擊，因此管理者在制定經營策略時，必須將時局情勢的發展變化納入考量。

任務環境與總體環境都屬於組織的外部環境，然而總體環境所討論的議題層次更高，涵意也更廣，含括了人口統計、社會文化、法律、經濟、科技及國際環境等六大面向。對不同的產業而言，六大面向的影響互不相同，但均需於組織營運時一併納入考量。以經濟面向中的「國民所得」為例，當一國的實質國民所得下降，代表國人的購買力下滑，因此民眾會縮衣節食，高檔百貨公司與高級料理店等高消費服務業的收入通常會受影響而相形減少，廠商必須先行偵測，開發物美價廉的新產品迎合消費者購買力下滑的市場現象，才能降低國民所得減少所帶來的衝擊。另一方面，國民所得下降時人們仍有食衣住行等基本生存需求，因此原本對高價奢侈品或服務的需求將轉往中低價的小吃攤、夜市或是網拍市場，以低價經營內需市場的廠商反而可能因國民所得下滑而大發利市。此時廠商能否洞燭機先，預先備料以因應未來上漲的需求，將是決定營運成效的關鍵。

總體環境的六大面向

總體環境是由六種力量所組成，對組織的目標、經營策略皆有重大影響，分述如下：

●**人口統計環境**：指人口的數量、分布、年齡、性別、職業、所得、教育程度、婚姻狀況等條件，由於人是消費市場的主體，而人力資源更是企業經營的必要條件，因此定期檢視人口統計的變化相當重要。以教育程度為例，教育改革的施行降低了高等教育的門檻，大專院校畢業的高學歷人口倍增，但人力素質卻普遍不一，因此企業徵才時雖然可以拉高限制條件，卻必須花費更多力氣選才才能找到真正適合的成員。又如成衣業者若能觀察到消費者平均體重逐漸上升的趨勢，而提早競爭對手一步設計開發大尺寸的成衣，就愈有機會成為大

尺寸成衣市場中的領導者。

●**社會文化環境：**指意識型態、價值觀、風俗習慣的變遷，這些因素對人們的行為準則有強烈的約束力，也會間接影響消費者的購買決策。例如，隨著女性主義抬頭，促使廠商推出主打女性市場的高級精品，鼓吹女人應該要好好愛自己的消費觀，以刺激女性消費者買單。又如溫室效應所伴隨的氣候異常促使世界各國愈來愈投入環保意識的推廣，消費者也開始將環保議題納入購物的考量因素中，再生紙、環保補充包即為社會意識型態改變下之新產物。

●**法律環境：**指法律的性質與法制健全的程度。企業必須在符合法律的規定下展開經營活動，特別是反托拉斯法、智慧財產權、公司法、公平交易法等，由於與企業經營息息相關，廠商應該時時留意法條的更異，並據此調整經營活動。然而，當法律被嚴格施行時，並不是所有的人皆可受惠。例如，智慧財產法可保護企業的研發成果，因此施行該法將鼓勵廠商投入更多資金開創新技術，相對地，在警察嚴加取締違反智慧財產法的廠商之下，勢必對在夜市販賣盜版光碟的地下經濟分子產生負面衝擊。

●**經濟環境：**包括總體經濟條件與經濟趨勢，如利率水準、經濟成長率、通貨膨脹率、失業率等，會對企業的投資與獲利產生一定的衝擊。景氣低迷時，消費者的購買力普遍下降，企業的管理重心應聚焦於品質精進與成本降低，提供民眾物美價廉的產品；而景氣繁榮時，消費者荷包滿滿，價格敏感度較低，願意付出較多花費換取更高階的商品與服務，因此管理重點應轉換為開發高附加價值的產品，如美容業以美容療程等高單價、講求體驗過程的商品，吸引顧客上門。

●**科技環境：**指科學技術的發展狀況，包括生產技術的突破，運輸設備的改良、替代性能源的發現等，對降低企業的生產成本、提高營運效率、刺激研發成果有很大的幫助。例如，在石油危機的衝擊與再生能源的蓬勃發展下，許多車廠紛紛投入油電混合車之研發；利用射頻訊號自動辨識、追蹤、定位目標物的「無線射頻辨識技術（RFID）」的發明，讓原本由人工作業的「渥爾瑪（Wal-mart）」等大型零售中心的倉儲與物流運作更有效率。

●**國際環境：**隨著運輸、通訊技術的突破，地域間的疆界愈來愈模糊，地球村已現雛形，全球化更蔚為風潮。愈來愈多企業走向國際化的經營，國際環境的變化也開始受到重視，例如美商企業必須因應歐盟成立後帶來的負面衝擊、中國大陸的崛起帶動了華文學習的商機。

總體環境對組織的影響

───── 總體環境 ─────

對組織運作的影響力較為間接,但在管理上仍須考量的環境。

總體環境的變化較為緩和,短時間內不易察覺,因此管理者應定期檢視總體環境的六大變數,才能洞察機先!

人口統計

年齡、性別、宗教、種族等重要人口特徵的資訊。

例 台灣逐漸邁入人口老化,銀髮族市場崛起。

社會文化環境

一般社會大眾所認知的價值觀、風俗民情。

例 女性主義抬頭,許多廠商紛紛推出高級精品,主打女性市場。

法律環境

法定的保障與約束。

例 菸害防制法規定公共場所禁止吸煙,商家均配合辦理。

經濟環境

總體經濟發展的條件與趨勢,如國民所得、利率水準。

例 銀行利率持續上揚,導致企業的融資政策趨向保守。

科技環境

技術的改良與突破性的發展。

例 網際網路帶給人類全新的體驗,也造就了企業不同的經營風貌。

國際環境

全球區域市場的形勢、產業分工的局面以及各國發展的狀況。

例 近年中國大陸崛起,掀起全世界華文學習的熱潮,補教業推出華文師資班課程。

了解產業環境的分析—五力分析

處在瞬息萬變的組織環境中，企業管理者經常需要剖析產業現況，藉此了解自身在產業的定位，以提出未來發展方向。學者麥可·波特所提出的「五力分析」便是藉由分析對企業有直接影響、屬於任務環境中的五種要素，做為擬定競爭策略的基礎。

五力分析模式

著名的管理大師麥可·波特認為，想要制訂公司的競爭策略，必須先了解產業所處環境的結構，故於一九八〇年提出了一個分析產業環境的模式。他將影響產業內競爭態勢的要素分為「供應商的議價力」、「購買者的議價力」、「既有廠商的競爭程度」、「潛在進入者的威脅」及「替代品的威脅」等五種力量，稱之為「五力分析」，成為管理者了解任務環境的重要工具。

透過五力分析，管理者可以找出產業環境中所存在的機會（O）與威脅（T）。當五力中不利的情況愈強時，表示公司面臨的威脅愈大，將削弱公司調升價格的能力，降低利潤空間，公司競爭力處於較弱勢地位；反之，當五力不利的情況愈弱時，表示公司相對而言處於產業較強勢的地位，具有較佳的機會。根據這些不利或有利情況的分析結果，管理者便可擬定適合的對策。

五力分析①：供應商的議價力

供應商的議價力是指供應商可以提高原料價格，或利用其他方式，如提供較差品質的原料或服務，而造成企業成本提高的能力。由於企業的獲利來自於成本與收入的差距，供應商的議價力因而成為左右成本高低的關鍵因素，故為五力分析重要的一環。企業購入原料時，必須壓低進貨價格才能降低成本、增加毛利。若供應商欲提高原料價格，而企業無法隨之調整產品售價以因應上升的成本，或者無法轉向其他供應商採購以對抗此壓力，將造成業者本身的利潤大幅降低，因此，高議價力的供應商可視為企業的一種威脅。以個人電腦微處理器供應商為例，英特爾擁有強大的產能與制訂產業標準的能力，對其下游個人電腦製造商有高度的議價力。

麥可·波特

麥可·波特是著名的策略大師，其所提出的產業與競爭者分析等概念為當代最具影響力的管理理論之一。不但對學界、業界貢獻良多，同時也是各國政府官員與企業諮詢請益的顧問，曾於雷根總統任內被延攬為「產業競爭力委員會」委員。

波特認為，供應商在以下的情況下較具議價能力，對公司造成的威脅較大：

①供應商所銷售的產品替代性很少，且是公司所需的關鍵原料時，企業無法從他處尋求原料，只能接受供應商所提的價格條件，因此將影響企業的競爭力。

②公司所屬的產業類型並非供應商的主要顧客，亦即供應商的主要獲利不會深受產業中公司的購買量所影響，即使不與公司合作亦無大礙，便會使得公司在議價時位居不利地位。

③若公司要撤換供應商將負擔重大的轉換成本，如可觀的違約金，或是改變原料供應將危及產品品質等，使得公司較難更換交易商，故在議價時便會位居劣勢。

④供應商具備成為公司競爭者的能力，亦即供應商可利用自有的原料，生產足與公司競爭的產品，可能成為公司的潛在競爭威脅。

⑤當公司沒有進入供應商所屬產業的能力，也就是公司無法自行生產所需原料的能力，在必須依賴供應商提供原料之下，議價能力自然較弱。

五力分析②：購買者的議價力

購買者的議價力是指購買者可以降低公司所收取的價格、或是要求更好的產品品質與服務，因而使公司成本提高、利潤相對降低的能

力，因此，有高議價力的買主可視為企業的一種威脅。例如汽車製造商的家數少、規模大，對各種小型的汽車零件供應商而言，製造商可以選擇供應商的機會遠多於供應商選擇製造商的機會，因此身為購買者的製造商居優勢，具備較高議價力。

購買者在下列情況有較強的議價能力：

①供應商是由許多小型公司所組成，而買主數量少且規模大，買主可選擇向眾多供應商進貨，因此議價力高。

②購買者的購買數量大，此時可利用其購買力協商價格折扣，如量販店大量進貨，對上游各種物品的供應商便較具議價力。

③購買者是供應商主要的獲利來源，供應商的命脈由購買者掌控，此時購買者的議價力高。

④當供應商之間的產品同質性高，可以彼此替代時，購買者會相互比較價格，迫使價格下降。

⑤當購買者具備生產原料的能力時，可降低對供應商的依賴性，甚至對供應商造成競爭威脅，促使價格下降。

五力分析③：既有廠商的競爭程度

既有廠商的競爭程度是指產業內的廠商間相互爭奪市場占有率的程度，可透過價格競爭、產品設

計、廣告促銷、銷售技巧及售後服務來進行。當廠商展開價格戰時，將會以低價吸引競爭對手的顧客，但相對地也會壓縮到自己的獲利空間。此外，當廠商以提高產品品質或是裝潢氣氛等服務互相較勁時，成本也會因而提高，同樣也會導致利潤下滑，所以既有廠商的競爭程度愈高，對公司的威脅就愈大。

評判既有廠商競爭情況的變數眾多，大致包括以下幾點：

①**競爭者的家數**：當競爭者家數眾多，表示產業內競爭激烈，如觀光夜市內攤販林立，彼此爭奪顧客，競爭相當激烈，淘汰率也很高。

②**產品差異性**：當既有廠商所提供之產品與服務差異性低時，消費者不論向哪個廠商購買都可滿足其需求，此時廠商不易建立品牌忠誠，顧客可能隨時移轉，產業內競爭激烈，如可口可樂和百事可樂皆銷售氣泡飲料，且價格接近，競爭程度高。

③**退出障礙**：若公司需投資大量的固定成本，則一旦退出時損失更大，即使獲利不佳仍會留在產業內繼續競爭。

五力分析④：潛在進入者的威脅

潛在進入者是指雖然目前和公司並不處於同一產業，但是有能力成為公司對手的競爭者，例如，電力業者為鋪設電纜取得了政府發布的路權，可趁業務之便一併架設光纖纜線，如此一來便能夠提供高頻寬的通訊服務，可視為電信公司的潛在競爭者。潛在進入者的威脅高低，端視產業的進入障礙所決定，當進入障礙高時，意指產業外的公司欲跨入產業內所需耗費的成本高。進入障礙高的產業可以遏阻競爭者輕易進入，降低威脅。

形成進入障礙的因素眾多，一般而言包括規模經濟、品牌忠誠度、顧客的轉換成本以及政府政策。

①**規模經濟**：當企業的生產量大到足以降低單位成本時，便具有成本上的優勢，稱為規模經濟。產業內既有廠商擁有規模經濟的優勢，會使新進廠商面臨成本壓力，成為其進入障礙。例如，大賣場由於銷售量大，貨架空間多，可一次向製造商訂購較多樣多量的商品，以要求較低廉的進貨價格，降低成本，並回饋消費者較優惠的零售價格。此規模經濟的優勢，便可嚇阻雜貨店等規模較小的零售商店進入量販產業。

②**品牌忠誠度**：指購買者對現有公司產品的偏好。產業內的公司可利用良好的產品品質、廣告、售後服務等方式留住顧客，創造品牌忠誠，使新進入者難以掠奪既有廠商的市場占有率，降低其威脅。例如，蘋果電腦的愛用者基於其優良

的產品品質與服務，再購率高。

③**顧客的轉換成本**：當顧客需要額外花費時間與金錢適應新進者所提供的產品與服務時，就產生了「轉換成本」。如使用「視窗（Windows）」作業系統後，要熟悉另一組系統便需要耗費許多時間，因此多數人不願進行這樣的轉換。

④**政府政策**：如政府限定營業執照的數量、或是對原料取得加以管制等，都可阻絕潛在廠商進入產業，例如金融、票券、電信業等需經政府核可取得經營執照才得以營運之產業。

五力分析⑤：替代品的威脅

替代品是指能夠滿足相同顧客需求的其他產業之產品，例如咖啡和茶，兩者都有提神的功效，互為替代產品。替代品的威脅程度，應考量以下兩點：

①**替代品的價格與效用**：當兩個互為替代的商品，其中一個價格調漲過高、或品質相對低劣時，會使消費者降低購買意願，轉而尋求相較上價格實惠、品質良好的替代品以滿足需求，故替代品的價格與效用愈接近產品時，威脅程度愈高。例如，咖啡的價格相對茶而言調漲太多時，可能使得許多咖啡飲用者改以茶替代咖啡的需求，削弱了咖啡賺取利潤的能力。

②**消費者對替代品的偏好**：替代品雖然具備產品本身的功能，但帶給消費者的體驗與感受是否亦可替代產品本身，則見仁見智。例如，有些人喜歡喝茶是因為喜好茶香與回甘口感，這便是咖啡所無法取代的體驗。

五力分析應用：以國道客運業為例

欣和客運是一家專營市區短程的客運公司，以提供低價、安全的運輸服務為經營目標。為創造另一個營收來源，總經理最近正考量進軍國道客運市場，他請行銷企劃專員小芬進行評估，以了解多角化經營的可能性，小芬決定從五力分析著手進行。

STEP 1 確認五個力量所指的對象

小芬首先確認五個力量所指的對象如下：
● **供應商**：為油料提供者及車輛提供者。
● **購買者**：國道客運業提供長程的運輸服務，消費者多為一般社會大眾。
● **既有廠商**：指國道客運業現有的廠商。
● **潛在進入者**：市內公車業者、遊覽車業者皆具現成的運輸設備，為國道客運業的潛在競爭者。
● **替代品**：火車、高鐵、自小客車皆具運輸功能，是長程客運的替代品。

STEP 2 依據五力的判斷指標蒐集相關資料

小芬依據五力的判斷指標蒐集相關資料，將所蒐集的資料整理如下：
● 標示「一」者為該指標不適用所分析產業，或分析當時未蒐集到相關資料。

五力	五力判斷指標	判斷方式	資料分析
供應商的議價力	供應商品的替代性	指供應商所供應的商品之替代程度，替代程度愈低則議價力愈高。	油料、車輛為客運業的關鍵原料，替代性低，因此供應商的議價力高。
	供應商獲利來源	供應商獲利非主要來自公司所屬產業時議價力愈高。	一
	轉換成本	指轉換到其他供應商需付出的成本高低，愈高其議價力愈高。	因油料與車輛為客運業者的固定需求，為穩定經營，業者大多和供應商簽立長期合約，若轉換供應商需付出違約代價，轉換成本高，供應商的議價力高。
	供應商成為競爭者的能力	指供應商能否利用自有產品生產競爭商品，愈有能力則議價力愈高。	油料與車輛供應商不具備經營客運業所需的專業，如路線規劃及車輛調度等能力，議價力低。
	公司成為供應商的能力	指公司是否能自備原料，愈有能力則供應商議價力愈低。	一

五力	五力判斷指標	判斷方式	資料分析
購買者的議價能力	供應商與購買者規模	供應商規模小、購買者數量少、規模大時議價力高。	—
	購買者的採購量	指購買者的採購量多寡，愈多其議價力愈高。	由於車票有使用時效，多數購買者單次的採購量很少，議價力低。
	購買者對廠商利潤的貢獻度	指購買者為廠商創造的利潤多寡，愈多其議價力愈高。	購買量小，消費金額自然不高，為廠商創造的利潤有限，議價力低。
	供應商產品同質性	供應商產品同質性高，可彼此替代時，購買者的議價力高。	—
	購買者向上整合的能力	指購買者是否具有生產產品的能力，愈有能力則議價力愈高。	一般大眾難以進入客運產業，議價力低。
既有廠商的競爭程度	競爭者的家數	指產業內競爭者的家數多寡，家數愈多競爭愈激烈	國道客運業的廠商家數眾多，競爭程度高。
	產品差異性	指既有廠商所提供的產品與服務差異性高低，差異性愈低競爭愈激烈。	各家長途客運經營的路線相似，產品差異性低，競爭激烈。
	退出障礙	指退出產業所需承擔的損失大小，損失愈大時，廠商會愈堅持繼續經營，競爭愈激烈。	經營客運業需購置為數眾多的大客車與設備，若廠商退出產業將損失慘重，退出障礙高，產業內競爭激烈。
潛在進入者的威脅	規模經濟	指是否達一定的生產量才能降低生產成本，規模經濟愈大，愈不吸引潛在進入者，威脅愈低。	長途客運每次旅程的油耗成本固定，需達一定程度的載客量才能獲利，具有規模經濟，因此對潛在進入者的吸引力小，潛在進入者的威脅低。
	品牌忠誠度	指消費者對現有公司產品有偏好，忠誠度高者威脅愈低。	—
	顧客的轉換成本	顧客需花額外時間金錢才能適應新產品，轉換成本愈高則威脅愈低。	—
	政府政策	指政策對進入產業是否有所限制，限制門檻愈高愈不吸引潛在進入者，威脅愈低。	進入國道客運業需取得經營路權，因申請不易，可嚇阻潛在進入者，使其威脅減低。
替代品的威脅	替代品的價格與效用	指替代品的價格與效用是否接近產品本身，愈接近替代性愈高，威脅愈大。	自小客車、火車、高鐵皆可替代國道客運，但客運的舒適度較自小客車佳、票價較火車與高鐵便宜，因此無法被取代，替代品的威脅低。
	消費者的偏好程度	指消費者個人偏好產品的程度，程度高時替代品的將難以取代，替代品威脅低。	具有長程運輸需求而選擇搭乘客運的消費者，經常是出自個人習慣，對產品的偏好程度高，因此替代品威脅低。

STEP 3 分析各指標對五力的影響

小芬分析蒐集到的資料，判斷每個指標應為機會（O）或是威脅（T），並繪製於五力分析圖上：

潛在進入者的威脅
1. 具規模經濟→O（機會）
2. 政府管制→O（機會）

供應商的議價力
1. 供應商品的替代性低→T（威脅）
2. 轉換成本高→T（威脅）
3. 供應商成為競爭者的能力低→O（機會）

既有廠商的競爭程度
1. 競爭者的家數多→T（威脅）
2. 產品差異性低→T（威脅）
3. 退出障礙高→T（威脅）

購買者的議價能力
1. 購買者的採購量少→O（機會）
2. 購買者對廠商利潤的貢獻度低→O（機會）
3. 購買者無向上整合的能力→O（機會）

1. 替代品的價格高、效用低→O（機會）
2. 消費者的偏好程度高→O（機會）

替代品的威脅

STEP 4 根據各指標結果判斷五力分析結果

小芬由上得到五力分析的結論為：
國道客運產業的既有廠商之間競爭激烈，因此公司若選擇進入產業勢必遭遇現有廠商猛烈的反擊，幸而潛在進入者的威脅低、替代品的威脅低、購買者的議價力也低，是公司進入市場的大好機會，至於供應商的議價力，儘管供應商難以被取代且轉換成本高，是進入產業的威脅，但所幸供應商無意進入國道客運市場，只要與其維持長遠的合作關係，就能降低威脅。

根據五力分析所得到的機會（O）與威脅（T），小芬得以了解國道客運業的產業現況，可進一步審視公司的內部環境，求得優勢（S）與劣勢（W）後執行SWOT分析，從而決定是否應投入國道客運市場。

診斷內外環境的分析—SWOT

管理者制訂策略前，除了探討公司所處的外部環境，找出「機會（O）」與「威脅（T）」外，還必須自我檢視一番，進行內部環境分析，以釐清企業本身的「優勢（S）」與「劣勢（W）」，此即為全面分析企業內外競爭力的「SWOT」分析。

內部分析找出「優勢」與「劣勢」

為未雨綢繆、迎向競爭者挑戰，公司也應定期進行「企業診斷」，找出自己勝於競爭對手的「優勢」，改善造成體質不良的「劣勢」，以便趁早發現問題，做出完善處置。但是，企業究竟該如何找出自己的優點與缺點？首先管理者必須了解公司為顧客創造價值，及為其本身創造利潤的核心能力與程序，並了解在這些程序中，公司投入了哪些資源、運用什麼能力，以及營造出什麼樣的獨特競爭力。如此一來，管理者才能確認出促使公司獲利的優勢為何，造成獲利下降的因素又為何。

舉例來說，研究指出，二○○一年豐田汽車每賣出一台車便可獲得九百美元的利潤，但通用汽車卻僅賺取一百七十六美元，因此通用汽車的管理者想要找出自己不如競爭者的地方進行改善。首先，他將汽車的製造流程完整地思考一遍，發覺一輛通用汽車的製程，必須花費40.52人工小時，且進行品質測試時，往往發現了較多的不良品，導致成本上的浪費；反觀豐田汽車，

只需31.06人工小時，且瑕疵品的比率極低，因此幾乎每一台車都具備獲利能力。通用汽車的管理者接著深入分析，發現豐田汽車之所以能保有低人力及高品質，在於投入研發各種創新技術，所以可以用更省力的方式製造出精良的產品，而豐田汽車也不吝將低成本的優勢與顧客分享，推出附帶品質保證的價格優惠方案，成功地吸引了消費者的青睞。因此，透過一連串縝密的分析，通用汽車的管理者終於了解，自己的弱勢在於研發與製造能力，是突破困境的當務之急。

外部分析找尋「機會」與「威脅」

外部環境分析則可幫助組織找尋機會與威脅，最有利的工具即為五力分析模式，當供應商的議價力較低、購買者的議價力較低、替代品的威脅較小、潛在進入者的威脅較小、既有廠商的競爭程度較低時，公司可以賺取較多利潤，是為「機會」，反之，則會壓低利潤，對公司造成「威脅」。

當然，除了五力分析評估產業環境外，企業還需考量人口統計、

社會文化、法律、經濟、科技及國際環境等總體環境所帶來的機會與威脅，才不會錯失總體環境變遷所產生的市場先機，或不及因應環境改變所帶來的威脅。

內外並重的SWOT分析

　　整合內外部分析，就形成所謂的SWOT分析，S代表優勢（Strengths），W表示劣勢（Weaknesses），兩者可由內部分析而得，O代表機會（Opportunities），T則表示威脅（Threats），可透過五力分析從而了解，利用這四個面向，畫出十字形的SWOT圖，將項目按四個面向標出，管理者得以考量所面臨的環境，分析利弊得失，找出確切的問題以加強優勢化解威脅、改善劣勢爭取機會的方向提出因應對策。

SWOT分析：以遊戲軟體公司為例

| SWOT分析 | 組織為達特定目標，全面分析其內外部環境，以擬定適當的策略。 |

例如 遊戲軟體產業競爭激烈，以歐美、日本及韓國廠商首屈一指，台灣業者想要殺出重圍確實不易。想要進入遊戲軟體產業的A科技公司於是進行SWOT分析，試著為本土企業找出一線曙光。

① 內部環境分析

從公司本身診斷創造利潤的核心能力、工作程序與所投入的資源，所營造出找出相較於競爭者的優勢、劣勢所在。

例如 分析本土遊戲軟體產業本身的優劣勢條件。

② 外部環境分析

五力分析：分析產業環境所帶來的機會與面臨的威脅。

總體環境分析：對於人口統計、社會文化、法律、經濟、科技及國際環境六大總體環境面向進行分析。

例如 分析本土遊戲軟體產業受制於外在環境、條件所具有的機會、威脅。

做法

整合內部優勢填入十字形的SWOT圖左上方區塊。	①台灣線上遊戲的市場廣大，玩家眾多，蔚為一股風潮。 ②中國大陸開放後，十三億的人口吸引各家廠商爭先進駐，而台灣遊戲軟體業者挾帶同文同種的優勢，較貼近消費者的需求，接受度高。	①缺乏遊戲軟體開發設計的教育養成，人才不足。 ②以代理國外廠商開發的遊戲為主，缺乏具代表性的本國遊戲。 ③業者規模普遍較小，難以和坐擁眾多資金與資源的國外大廠匹敵。	整合內部劣勢填入十字形的SWOT圖右上方區塊。
	S 優勢	**W 劣勢**	
	O 機會	**T 威脅**	
整合外部的機會，填入十字形的SWOT圖左下方區塊。	①寬頻時代的來臨，為線上遊戲蓬勃躍進的契機。 ②行政院通過延攬海外科技人才計畫，印度軟體工程師邁進台灣，與我國實力堅強的硬體工業相輔相成。	①台灣年輕族群的市場漸趨飽和。 ②消費者的周邊配備無法緊跟遊戲軟體開發的腳步。 ③代理熱門遊戲的議價力低，高額的權利金侵蝕廠商利潤。	整合外部威脅填入十字形的SWOT圖右下方區塊。

擬定對策

加強優勢、化解威脅

擬定能凸顯對內優勢以化解外部威脅的策略。

例如 雖然年輕族群市場漸逼飽和，但線上遊戲的風潮已成功開創，未來A公司可嘗試推出不同風格的新款遊戲，拓展其他年齡層，或開發女性玩家的市場。

改善劣勢、爭取機會

改善內部已存在於劣勢條件，掌握外部環境所提供的機會。

例如 針對遊戲軟體開發求才若渴的困境，長期A公司可集結其他公司門設立產業學院，於政府協助下培訓業界所需的專才，短期則可借力於印度等他國的專業工程師，結合台灣的硬體實力，以開發具獨創性的本土遊戲做為目標。

企業文化

從企業創辦人藉著個人經營理念創立公司開始，因應理念而來的有形準則、規範、徵人原則，或是無形的價值觀、風氣等傳遞出特有的「企業文化」，可以引導員工自發性地專注於組織目標，有助於策略的執行。

什麼是企業文化？

　　每個企業都各具特質，有的企業著重創意、有的則是保守謹慎、有的企業強調顧客服務，這些各異其趣的特質從諸如組織設定的各種規章、例行儀式，以及同仁的行為舉止、儀態表現……等有形的外在表現；到高階管理者的理念、性格、公司的風氣……等所形成的無形氣氛，讓企業展現出與其他企業不同的特質，這就是所謂的「企業文化」。若能正確地了解企業文化，將有助於員工遇到困難時，循著符合企業文化的思考邏輯來解決問題。因此可以說，企業文化是企業員工的共同信仰、意識、規範與價值觀。比方說，A企業以「顧客服務」為企業文化，無論時規章制度、員工作為、公司風氣等都會以滿足顧客為依歸。B企業強調「創意」，則規章制度會給予員工較大的彈性空間、工作環境較為輕鬆自在，員工也以創意激發為工作的重心。

企業文化的形成、傳承與更新

　　企業文化並非企業一成立就固定不變，而是隨著企業發展的規模、外部環境的轉變而傳承與更迭。例如企業發展早期，由於創辦人是企業從無到有的催生者，因此其創業理念往往投射成組織的行事風格而形成早期的企業文化，創辦人的意識、價值觀便是早期組織規範成員工作方法、決策的依據。隨著企業逐漸成長茁壯，擴張組織規模勢在必行，創辦人會設立高階主管分擔工作任務，此時為了延續經營理念，創辦人往往會將理念行諸規章制度，使其能付諸管理。另外，在引入符合企業文化的新進員工前必會建立一套的用人原則、制度。此時，「組織的甄才原則」及「高階主管的價值觀」便是延伸創辦人經營理念、傳承企業文化的兩項工具。在組織的甄才原則方面，為了選出原企業文化相契合的新人，企業一般會以適性測驗、筆試等方法初步篩選應試者，再以高階主管面試的方式深入了解應試者過去的學經歷，進而透析其人格特質與個性，以求符合企業需要。例如強調客戶服務的企業會特別吸引認同企業文化、具有親和力、有服務熱忱等特質的員工。高階主管的價值觀除了可做為甄才時的篩選標準外，其所言所行會樹立標準，對員工造成影響，使企業文化更深入組

織。

然而，企業文化雖然經由新人的徵用而傳承、延續，但隨著組織環境不斷變遷，組織擴編、科技進步、顧客需求改變、競爭者環伺、政府法規的訂定等，企業為了繼續發展，企業文化也會因應而可能有所變革或轉型。例如當舊有的企業文化不符合顧客需求、顯得不合時宜時，便會使得企業績效銳減。此時有遠見的高階主管會察覺企業文化有創新的需求，除了設立更符合時勢的新規章、制度外，也會藉由應徵新進人員，帶來新的創意與想法，刺激公司改變既有的價值觀。隨公司逐步成長及新舊交替，企業文化也將在原有基礎下，持續不斷地調整與更新。

企業文化的形成、傳承與更新

───── 企業文化形成 ─────

創辦人的創業理念會投射在組織的管理辦法，如行政規章、教育訓練、獎懲標準等，形成早期的企業文化。

───── 企業文化傳承 ─────

若組織規模擴張、成員逐漸增加時，創辦人會另外會設立高階主管分擔工作，也在甄選新人時建立一套符合企業文化的標準。

工具1｜組織的徵才標準
依據組織的甄才標準可對眾多的應徵者進行初步篩選，為甄才的首要門檻。

工具2｜高階主管的價值觀
● 高階主管於徵才時進行面談，以甄選契合的員工。
● 高階主管的言行可為企業文化樹立標準。

> 組織內外環境變遷迅速，企業文化也需調整。

───── 企業文化調整、更新 ─────

當舊有企業文化不符合時勢、績效銳減時，高階管理者傾向對既有企業文化提出檢討與革新。

塑造新的企業文化
設立因應轉型後企業文化的規章制度、訓練、獎懲等做法，以形塑新的文化。

徵用新人才帶來創意
新進人員會為組織帶來更新的創意和想法，可能對既有文化注入新血。

企業倫理

企業文化是企業隱含在內與表現於外的特質；而企業倫理是指企業判斷行動與決策的一種道德原則；為了避免個別組織成員在對「是」與「非」的認知判斷不同，做出不適當的言行，管理者必須倡導企業倫理，引導成員行為趨向企業所認同的正軌。

什麼是企業倫理？

企業以追求效率、利潤為最大目標，然而，有些行為縱使能增進獲利，卻是道德所難容，例如行賄官員、收受回扣佣金等行為是不被企業所接受、也是不該做的。這些幫助企業在營運行為裡分辨是非、做出合乎道德決策的準則，即為「企業倫理」。若「企業倫理」能順利推行而融入組織文化，成為成員均認同且具備的價值觀，則在績效與道德有所衝突時，可以做為思考決策的標準。

由於企業面臨的環境分為企業可直接規範、管控的內部環境，與組織深受其影響的外部環境，在此基礎下，企業倫理亦分為對內規範行為的內部倫理與對外做為倫理守則的外部倫理兩方面。內部倫理主要規範員工、股東與企業主等內部成員的倫理守則，包括合理的薪資制度、人性化的管理原則、具體落實的福利措施、穩定合宜的股利政策、兩性平等的企業文化、舒適的工作環境、透明可信的財務報表……等原則，使內部成員的行為能有所依據。外部倫理則是指企業對外部的顧客、供應商、競爭者、社會大眾、政府及其他利益團體的倫理守則，如提供良好的售後服務、遵守政府頒佈的法令、配合產業政策、參與民間團體的慈善活動、響應環保訴求等。外部倫理不但可做為企業行為的方針，更能提升外部人員對公司的印象。企業若能同時兼顧內部倫理與外部倫理，對內妥善照顧員工、對外回應社會期望，才能形塑公司良好的形象，也更能長久經營。

企業倫理的推行

由於企業倫理對組織發展深具影響，推廣倫理風氣使其深植企業文化便成為管理者責無旁貸的任務，一般而言，企業會在明文規範、主管示範、甄才等三種面向來落實企業倫理：

①**制訂倫理準則與獎懲方法：**指管理者以合乎倫理為出發點，明確訂定正確的道德行為，包括指導員工如何與顧客、供應商、競爭對手及其他利益關係人應對進退，尤其針對是非模糊的灰色地帶，更需擬定條文清楚規範，如明文禁止收受回扣、賄賂等，協助員工遇道德兩難時有法可循，同時也配合明確的獎懲辦法以求落實。

②**高階主管以身作則並協助推動：**高階主管表現出支持的態度並

協助監督部屬行為，以展現出徹底執行的魄力時，使員工才能了解主管對倫理風氣的重視，進而自我鞭策。

　　③慎選新進人員：最後，為了避免員工個人的倫理價值觀與組織立定的道德規範相去甚遠，難以矯正，管理者應該在甄選新進同仁時便將彼此倫理概念的契合度納為錄取標準之一，隨著成員每年汰舊換新，倫理風氣將更為融洽，最終達成與組織文化結為一體的目標。

企業倫理的內涵與推行

―――― 企業績效 ――――

企業以追求利潤為最大目標。

偶有矛盾

―――― 道德準則 ――――

企業必須明辨是非、為所當為，才能被認同、接受。

企業倫理

企業發展出一套可被接受的道德標準、規範或原則，供管理者及成員做為行為與決策依據。

包括

內部倫理

● 對員工應遵守勞資規範，包括訂定合理的薪資制度、人性化的管理原則、具體落實的福利措施等。
● 為股東追求利潤極大，例如訂定穩定合宜的股利政策，避免損及股東權益。
● 保持董事會的獨立性。
● 財務透明，企業應誠實揭露財務資訊，避免虛報不實。

外部倫理

● 確保消費者權利，如提供良好的售後服務。
● 對供應商建立平等互信的關係。
● 對競爭者遵守公平公開的競爭原則，如不削價競爭、散佈謠言、竊取機密等。
● 對政府應配合政策、遵守法規。
● 對社會應主動關懷、珍惜自然資源。
● 對公益團體應予以支持、參與慈善活動。

推行方式

方法❶ 制訂倫理準則

明訂規範指引員工的決策方向與作為，守規的員工應給予獎勵、違反的員工則據以懲戒。

方法❷ 高階主管的領導

高階主管的以身作則可以產生「上行下效」的效果，對員工有更深的影響力。

方法❸ 員工的甄選

在徵才時，應以面談、考試、背景考核等方式來徵選倫理觀念彼此契合的員工。

社會責任

「社會責任」是個眾說紛紜的議題，有些學者主張企業以合法賺取利潤為第一要務；有些則主張企業仰賴社會得以壯大，應積極地回饋社會、推動公益；然而，在實務層面，愈來愈多的企業主已將社會關懷、回饋視為一大責任，用實際行動關懷社會民生，也塑造了更好的企業形象。

社會責任的內涵

企業並不是一個獨立的個體，而是與所處社會息息相關，包括人力來源、顧客支持、政府法規等因素，因此，企業對社會有應負有責任，意即「社會責任」，管理者則應引導企業負起社會責任。然而，雖然企業負有社會責任幾乎已成為共識，但社會責任的實質內涵卻見仁見智，由低而高可分為以下四個層級：

經濟責任：企業有創造利潤、帶動社會經濟發展的責任。

法律責任：指企業有責任遵守國家法律，如環保法規、消保法及勞基法等規定。

道德責任：企業的行為應合乎公平正義。

博愛責任：企業應與社會脈動連結，積極地分享資源、關懷弱者，以增進社會公益。

這四種「社會責任」層級隨著管理學派對於資源運用、企業目標訂定等觀點的改變而由低向高提升。一九三○年代之前，多數管理者認為企業存在的理由就是為股東賺取利潤，除了盡到最低限度的經濟、法律責任外，將企業資源挪做非以獲利為目的的活動之用並不適當。隨著行為學派的興起，從一九三○年代至一九六○年代早期，管理者漸漸了解顧客、供應商等外部環境利害關係人的福祉與公司的獲利一脈相連，例如公允的價格、安全無虞的產品、公平地對待廠商等，在獲利之餘必須維持公正，於是「道德」的社會責任逐漸抬頭。

一九六○年代後期，重視外在環境的系統觀點與權變觀點興起，將企業視為與外在環境不斷互動的開放系統，企業自社會取用資源、向社會大眾銷售產品與服務，應進一步善盡「博愛」的社會責任，積極回饋外界，更能獲得持續前進的動力。

企業如何負起社會責任？

由於「社會責任」尚未有固定的內涵，因此企業善盡社會責任的做法也各執一方，有些經濟學家認為企業首要的社會責任就是在合法的前提下追求最大利潤，因此管理者只需引導企業善盡經濟、法律責任即可，至於道德、博愛責任會花費大筆金錢，反而會增加企業的成本負擔、減少利潤，由於企業的資源與權力不比政府，恐怕缺乏

處理社會問題的能力。然而，另一派學者主張企業因為有社會大眾的支持才得以生存，因此有責任在追求獲利的同時，也關心社會發展，特別強調管理者應積極地引導企業走向道德、博愛責任；此外，基於行銷目的與競爭壓力，善盡社會責任的企業能塑造良好的公益形象，也是搏得大眾支持的最佳利器。雖然目前各個學派對社會責任的看法仍莫衷一是，但有許多企業主已肯定公司獲利應歸功於社會大眾的支持，秉持「取之於社會、用之於社會」，當企業以實際行動關懷社會，社會也將因企業的茁壯更加蓬勃，獲得雙贏的最佳結果。

社會責任內涵的演進

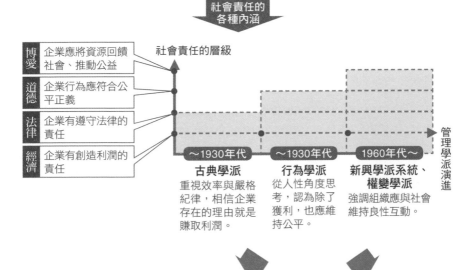

———— 社會責任 ————

企業處於社會之中，與社會息息相關，對社會負有一定的責任。

社會責任的
各種內涵

社會責任的層級

博愛	企業應將資源回饋社會、推動公益
道德	企業行為應符合公平正義
法律	企業有遵守法律的責任
經濟	企業有創造利潤的責任

管理學派演進

～1930年代
古典學派
重視效率與嚴格紀律，相信企業存在的理由就是賺取利潤。

～1930年代
行為學派
從人性角度思考，認為除了獲利，也應維持公平。

1960年代～
新興學派系統、權變學派
強調組織應與社會維持良性互動。

學界看法莫衷一是，未有結論

只負經濟、社會責任
- 企業不應因其他責任而減少利潤。
- 企業的資源與權力不足，缺乏處理社會問題的能力。

負道德、博愛責任
- 企業有社會的支持才能生存，應積極回饋。
- 可塑造良好的公益形象搏得大眾認同。

企業界漸漸認同道德、博愛責任

「取之於社會、用之於社會」概念逐漸獲得企業主的認同，希望能達成企業、社會雙贏。

4 規劃

「規劃」是管理功能的第一個步驟，它指引出組織未來長遠的發展方向。經由縝密的規劃，管理者可以預定目標，擬定各種狀況的因應策略，隨時了解進度、修正執行方法，甚至對目標重新予以評估。規劃能否落實的一大關鍵是所訂定目標能否取得成員的共識，強調參與的「目標管理」即是促成成員認同目標、善盡各自職責的好方法。而恰當的決策可謂規劃的核心，在各種可行策略、做法中選出符合組織利益者，才能獲得更好的成效。

- 規劃可分為哪些層級？
- 策略規劃的步驟為何？
- 如何聰明地設定目標？
- 何謂目標管理？
- 決策可以分為哪些種類呢？
- 如何召開有效率的多人會議？

什麼是規劃？

「規劃」是管理四大要素的基礎。良好的規劃，意味著管理者為組織設定恰當目標，擬定達成的策略，並且在眾多方法中選出最有效率的執行方式。組織經由高階、中階、基層管理者因應權責各自進行規劃，在目標環環相扣之下，可以使整體目標趨於一致，進而成功落實。

為什麼要規劃？

以企業的特質而言，企業的運作是以獲利為依歸，企業集合一群人效力，營運成效攸關工作者、股東等眾人權益，為達成公司獲利目標，必須使組織成員上下一致，有計畫、有方法、有效率地共同達成目標，避免錯誤或浪費的有效方式就是事先做好恰當的規劃。規劃的內涵包括了先因應組織的成立目的訂定合理的目標，接著分析所處的外部環境的機會與威脅所在與本身的資源、條件所形成的優勢、劣勢，進而擬定最能發揮優勢、改善劣勢、掌握機會、規避威脅的策略，並將策略確實付諸執行，且定期對執行成果加以追蹤。規劃的目的不外乎為了順利達成目標預做各種思考、準備功夫，以及針對實際執行時可能發生的各種狀況先行沙盤推演。除此之外，規劃也可用來控制組織績效。由於規劃為每項工作擬定一段作業時間及預定成效，當工作完成時，便可藉著比較規劃目標與實際成果，了解進度是否受到掌控、成員的表現是否合宜。所以，規劃對一個日理萬機的管理者而言相當重要。

組織各層級所做的規劃範圍不同

縱然管理者都需要進行規劃，但高階、中階與基層管理者，因角色各有不同，進行規劃的重點、內容也有所差異。位居最上層為高階管理者，負責界定組織全面性的方針，並交由中階管理者傳達訊息給基層管理者，因此中階管理者主要扮演居中協調的角色；基層管理者則依據中階主管下達的指令再將任務分派給基層人員執行細部工作，各層級透過層層傳達、一致性的目標緊密配合，確保執行方向無誤，以達到預期的效益。依據高階、中階和基層管理者不同的職務屬性，所對應的規劃範圍由上而下可分為策略規劃、戰略規劃與作業規劃等三個層級，形成整合性的規劃。

高階管理者→策略規劃

策略規劃是由組織最高層管理者所執行，它是高階主管以達成組織的使命及願景為目標，所展開一連串的執行計畫，指導組織長遠的發展方向，包括進行SWOT分析、擬定公司未來五至十年的長期發展方向等。例如一家以提供顧客全方

為什麼要規劃？

企業以獲利為目的，必須整合全體人力、
物力資源，合力達成公司目標。

必須擬定運作的計畫、方法，
加強效率，避免錯誤。

進 行

訂定具體、
合 理 的 目
標。

→

分析所處的
外部環境的
機 會 與 威
脅。

＋

分析內部的
資源、條件
所形成的優
勢、劣勢。

→

擬定達成目
標最有效的
策略。

→

將策略付諸
實行。

→

定期追蹤檢
核 執 行 成
效。

...

可以達到

事先預備

預先考量各種可能面臨
的情況，經過事前沙盤
推演，當狀況發生時能
臨危不亂地回應。

事中控制

規劃所建立的組織目標
可做為控制、校正的標
準。

事後考核

任務完成後，可依據目
標與成果的差距進行績
效考核。

位的行銷服務為使命的整合行銷公司，由高階主管決定未來五年朝向「網路行銷」邁進，此種攸關未來長期發展的總體大方向，即為策略規劃的內涵。

中階管理者→戰略規劃

高階主管所做的總體策略規劃，有待中階主管以戰略規劃展開具體方案，並將高層的經營目標傳達至基層，策略規劃才得以落實、具體化，故戰略規劃具有承上啟下的關鍵任務。在進行規劃時，中階主管對上必須完整了解高層旨意，對下需確實傳達公司政策目標。例如，以「網路行銷」為策略規劃之經營方向的整合行銷公司，其中階主管在執行戰略規劃時發現，要開發網路行銷市場，公司首先必須招募熟悉該領域的專家，並強化網路設備，才有能力提供相關的商品與服務，更快速地切入網路行銷領域。因此中階主管擬定「召募一批網路行銷菁英、採購高階電腦及網路設備」的決策，並指示基層主管執行。

基層管理者→作業規劃

規劃的最後一個層級是基層主管所掌管的「作業規劃」，它承接中階主管的戰略規劃內容，依據各部門的功能，發展並執行與戰略規劃相應的細部作業方法。例如以「招募一批網路行銷菁英、採購

高階電腦及網路設備」為戰略規劃的行銷公司，其基層主管依據戰略規劃的決策，各部門展開具體工作事項，包括人力資源部刊登召募人才之訊息；資訊部羅列電腦及網路設備的採購清單、財會部編列採購預算、採購部依據採購清單著手採買、行銷部進行市場研究以了解網路行銷市場之顧客需求，隨著每一相關的基層活動逐步落實戰略規劃的目標，進而使得公司的長期目標圓滿實現。

規劃的層級：以人力銀行為例

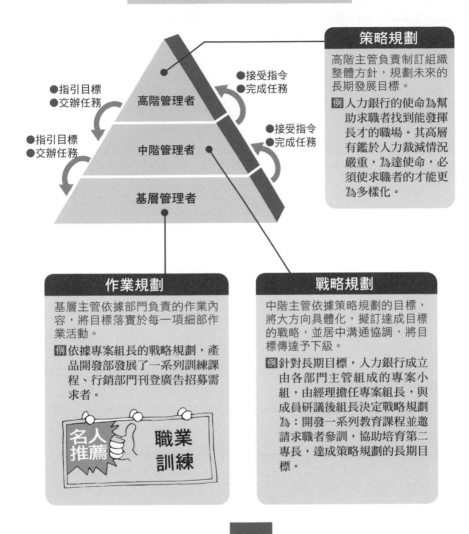

策略規劃

高階主管負責制訂組織整體方針，規劃未來的長期發展目標。

例 人力銀行的使命為幫助求職者找到能發揮長才的職場。其高層有鑑於人力裁減情況嚴重，為達使命，必須使求職者的才能更為多樣化。

作業規劃

基層主管依據部門負責的作業內容，將目標落實於每一項細部作業活動。

例 依據專案組長的戰略規劃，產品開發部發展了一系列訓練課程、行銷部門刊登廣告招募需求者。

戰略規劃

中階主管依據策略規劃的目標，將大方向具體化，擬訂達成目標的戰略，並居中溝通協調，將目標傳達予下級。

例 針對長期目標，人力銀行成立由各部門主管組成的專案小組，由經理擔任專案組長，與成員研議後組長決定戰略規劃為：開發一系列教育課程並邀請求職者參訓，協助培育第二專長，達成策略規劃的長期目標。

策略規劃、戰略規劃與作業規劃等三個層級密切整合、環環相扣之下，可以確保整個組織目標朝向一致的目標前進，逐步達成。

策略規劃的程序

策略規劃好比企業的導航器，決定了公司長遠的發展方向，高階主管透過宏觀的遠見、對內外環境的精密評估、微觀的執行力以及審慎的校正等程序，才能使企業目標具體實現。

策略規劃掌握企業成敗關鍵

許多企業發展方向的改變以及戰略轉彎，都可上溯到高階主管的策略規劃，例如宏碁電腦從全球的代工大廠轉型為經營國際品牌，可口可樂從原本一成不變的口味改變飲料配方，相繼推出香草、櫻桃等新口味。策略規劃給予了企業發展、前進的目標，帶動組織中、下層擬定符合策略目標的戰略和執行做法，一齊朝目標邁進，所以，策略規劃可說掌握了企業成敗的關鍵。

策略規劃的五大步驟

一般而言，策略規劃包含了「建立使命願景」、「進行SWOT分析」、「擬訂策略」、「執行策略」、「評估追蹤」等五大步驟。

①建立使命願景：使命是指組織創立的目的，依據使命所描述的具體景象就是願景，意即組織未來想要成為的樣貌。例如迪士尼公司以「提供最好的家庭娛樂」為使命，願景則是「創造全球的歡樂王國」。組織的使命與願景來自於創辦人的理想，以及對未來的憧憬，有時是單純地憑藉著一股美好的想像，有時則來自於市場考察後發現可能存在的需求缺口。

②進行SWOT分析：確立了公司的使命願景後，接下來就是進一步執行SWOT分析，檢視本身人力、設備、制度等既有條件相較於競爭者的優勢與劣勢，及外部環境如政府法令、社會變遷、消費者偏好等因素帶給公司的機會與威脅。例如，迪士尼公司為達成願景，有意籌建大型主題樂園，而對此進行SWOT分析。分析得出，迪士尼內部的優勢是「擁有高品牌知名度的動畫角色」，劣勢則是「主題樂園投資金額龐大，投資風險高」；外部機會在於「人們對娛樂休閒的需求提升」，威脅則為「同質性的主題樂園競爭激烈」。

③擬訂策略：SWOT分析的結論，形成管理者策略規劃的依據，管理者擬定的策略必須能夠發揮優勢迎戰威脅，掌握機會彌補劣勢。例如迪士尼善用擁有知名動畫角色的優勢，設計出主題樂園背景，進而滿足消費者的娛樂需求，同時，以獨有的動畫角色為行銷訴求，可提供差異化的產品與服務，規避同性質主題樂園的低價競爭。

策略規劃的程序：以時尚名牌LV為例

Step1：建立使命願景

高階管理者界定創立企業的目的與企業未來想要成為的樣貌，以其為發展的方針。

例 **LV**以「打造精湛工藝的時尚產品」為使命，以「成為流行時尚的引航員」為願景。

Step2：進行SWOT分析

由內部環境找出企業的優勢、劣勢；自外部產業環境中找出機會、威脅。

例 **LV**的創辦人路易威登善用其皮件設計的優勢，發掘出精緻皮件的市場機會，避免來自大眾市場既有廠商的威脅。

回饋決策者

定時回報任務進度，解決執行時所出現的問題，並視狀況修正目標。

例 近來出現仿冒猖獗的狀況，為了維護名牌價值，引領流行時尚，近年**LV**與各地政府合作，打擊流竄的仿冒品。

Step3：擬訂策略

研擬出能凸顯內部優勢以迎合外部機會的可行策略。

例 **LV**採取「差異化策略」，不走服務市井小民的大眾市場，反而選擇提供手工細膩、獨一無二的高質感皮件，以滿足上流社會人士想要與眾不同的慾望。

Step4：執行策略

企業全體成員目標一致，依所屬部門工作性質分工合作執行策略。

例 **LV**世代交接獨創的手工技法，並於巴黎、東京等時尚重鎮展店，營造高貴、俐落的店面氣氛。**LV**也常舉辦時尚派對發表最新時裝，邀請政商名流共襄盛舉，強化精品形象。

Step5：評估追蹤

定期追蹤目標達成的實際情形，並與預期目標進行比較，審視有無需修正、改善之處。

例 **LV**定期進行業績檢討，並上傳顧客意見給設計師，做為改善的方向。

④**執行策略：**想將高層管理者的遠大理想付諸實現，參與的人員不應侷限於公司高層，而是動員全體成員，各自落實所屬部門的工作計畫，使策略發揮實際效果。例如，迪士尼的人資部門需執行完整的員工訓練，以確保可以提供高品質的休憩服務；設計部門應發揮創意，將動畫角色巧妙地與遊樂設施結合，創造出有特色的主題背景；行銷部門則可將動畫與主題樂園兩者相互連結、共同行銷，發揮更廣大的行銷效益。

⑤**評估追蹤：**在執行的過程中，管理者應該定期追蹤每個成員的工作進度與績效表現，確保沒有偏離組織目標，掌握解決問題的先機。因此，管理者應該定期比較現況與理想的差距，追蹤每個成員的工作進度與績效表現，確保沒有偏離組織目標，掌握解決問題的先機。另外，根據評估結果，管理者也應檢討是否需修正組織目標，或是改變策略以達成原定目標，如此不斷循環策略規劃的五大步驟，生生不息的夢想迴圈將使企業的未來更加清晰可見。例如，迪士尼的管理者於每年年初擬定主題樂園的預期營收成長率，並定期於每季檢視營收狀況，以了解現況是否落後目標，並追蹤績效落後的原因為何以茲改善。

目標設定

不論高階、中階和低階的管理者進行規劃工作時，都需有恰當合理的「目標設定」為基礎，避免過高或過低的目標造成組織運作不效率。「SMART」原則就是檢視所設定的目標是否不切實際、難以達成，或是過低而毫無挑戰性的準則。

長期、中期、短期目標

在訂定目標時，常見的一種分類方法是依據目標達成難度、所需人力物力資源的多寡，判斷執行所需時程的長短不同，將目標分為短、中、長期等三種類別，一般而言，五年以上的目標稱為長期目標，不足五年但大於一年的目標為中期目標，一年以內的目標則為短期目標。長期目標的規模最大、所需資源最多，因此所需時間最久，例如大學生小艾立志發展聞名全球的服飾品牌，目標十分宏大，是一個需要耗費超過五年並投入大量心力才有機會達成的長期目標。中期目標則是中等規模、所需資源及時間亦屬中等，例如小艾擬定的目標為於大學四年內培養出眾的行銷專長，因此於每學期選修許多行銷課程，則執行時程大於一年小於五年，屬於中期目標；一年以內的計劃稱為短期目標，由於時間較短，可預知的變數較為明確，因此做法上也比較清晰，例如為了拓展國際視野，小艾決定每年出國觀展二次。

如何設定目標？

不論設定的是短、中、長期目標，管理者最重要的是設定一個團隊可確實執行、達成的「聰明」的目標。「聰明（SMART）」的目標應具備Specific（具體的）、Measurable（可衡量的）、Achievable（可達成的）、Result-oriented（成果導向的）、和Timely（有時效性的）的特徵。

S→Specific（具體的）：首先管理者必須能夠清楚具體地描述出未來想要達成的目標，而非抽象、模糊或僅是口號，例如設定明確的數據做為是否達成目標的評核準則。目標描述得愈清晰，執行目標的工作者愈能清楚掌握每一執行內容的目的，工作也就愈能朝正確的方向、預期的結果邁進。例如旅行社若擬定「業績成長」就是一個不明確的目標，畢竟旅遊市場可分成來台觀光、出國觀光及國內旅遊等三大類，而且業績成長一％和成長九十九％皆為業績成長，標準尚不明確，如果將目標修正為「今年國內旅遊市場成長二〇％」便非常具體。

M→Measurable（可衡量的）：
設定的目標必須是可以透過數據被評量的，這樣管理者才能考核、了解工作者的達成進度與運作績效，此外，也能透過數據的評量盡早發現效率不彰之處以進行修正。例如旅行社為了達成「今年國內旅遊市場成長二〇％」的目標，可透過檢核每一季的國內旅遊行程報名成長率，以了解推廣力道是否足夠。

A→Achievable（目標可達成）：為了避免設定好高騖遠的目標，應該先評估執行能力與擁有的資源，是否能確實達成目標。不切實際、與能力不符的目標將會造成執行的失敗。例如旅行社應評估往年的報名狀況、國內的觀光資源、旅客的景點偏好等，以擬定可達成的目標。

R→Result-oriented（成果導向的）：目標設定的價值在於達到成果，而不是行動或執行過程，雖然行動、過程是達成目標的根源，但有效的目標必須與成果有直接聯繫，才能確實掌握、了解成效。例如旅行社經理以國內旅遊行程的具體報名狀況為關切要點；而非追問達成目標的各種過程如「宣傳影輯是否拍攝」、「網站是否已經建置」，便符合成果導向原則。

T→Timely（有時效性的）：時效性是指完成任務的期限，例如於「一年」之內完成目標。有時效性的目標明確定義出執行任務的時間範圍，工作者必須在規劃的時間內達成目標，才算是完成任務，例如旅行社經理將目標訂為「一年內國內旅遊市場成長二〇％」，便清楚界定出預計達成目標的時間。

如何以SMART原則設定目標

SMART原則	實例 1 琪琪規劃瘦身		實例 2 雜誌社拓展訂戶	
S 具體（Specific） 目標必須夠清晰、具體，使工作者能清楚掌握每一執行內容的目的。例如設定數據做為評估審核的標準。	我要瘦下10公斤 ⇩ 具體	我要變瘦 ⇩ 不夠具體	雜誌社要增加10%訂戶量 ⇩ 具體	雜誌社要增加訂戶 ⇩ 不夠具體
M 可衡量（Measurable） 目標可以透過數據被評量，便利管理者考核、了解達成進度，並於有偏差時即時掌握、修正。	每個星期量一次體重以掌握瘦身進度 ⇩ 可衡量	想瘦身卻不即時掌握體重變化 ⇩ 不可衡量	每個月考核訂戶增加數字 ⇩ 可衡量	不考核數字 ⇩ 不可衡量
A 可達成（Achievable） 訂定前需先評估人力、時間等資源是否足以達成目標。以免設定出不切實際、與能力不符的目標，徒增失敗。	一天的食物只要1600卡 ⇩ 可達成	什麼都不吃就會瘦 ⇩ 無法達成	根據往年訂戶數量、目前雜誌市場成長來決定目標 ⇩ 可達成	任意決定目標，不先評估 ⇩ 無法達成
R 成果導向的（Result-oriented） 有效的目標會與成果有直接連繫，而非關切行動或執行過程。	實際衡量腰圍減少的尺寸 ⇩ 成果導向	只顧購買健身器材、瘦身霜 ⇩ 非成果導向	社長評估實際成長率 ⇩ 成果導向	社長關切業務員是否有積極拜訪客戶 ⇩ 非成果導向
T 有時效性的（Timely） 須訂立完成目標的時限，以有效追蹤其執行及完成程度，如有偏差亦可適度調整。	要在三個月內瘦身成功！ ⇩ 有時效性	想瘦卻不訂出時限 ⇩ 不具時效性	一年內要達成目標！ ⇩ 有時效性	未訂出達成時限 ⇩ 不具時效性

目標管理

目標管理是由管理大師彼得・杜拉克所提出的管理概念，強調主管應邀請相關員工參與決策過程，共同建立組織目標，可促進員工對組織決策的認同，進而強化組織整體共識，有助於組織目標的推動及完成。

什麼是目標管理？

第二次世界大戰後，世界各國皆致力於經濟復甦，企業極力發展新的管理方法以提升競爭力，在當時開始重視人性的管理背景下，強調執行者一同參與的「目標管理」概念應運而生。管理大師彼得・杜拉克於一九五四年首先於《管理實務》一書中提出「目標管理」的概念。杜拉克主張組織應該透過上下層級共同參與、互相討論，建立一套明確的目標體系，並根據目標發展出具體、具有時效限制、可客觀衡量的績效指標，以此做為管理者評核下屬的標準，使下屬能更了解自身工作付出對組織的貢獻，相較於傳統的上級指派工作目標而言，目標管理更能贏得下屬的認同，進而提升組織目標的達成效果。

目標管理實務上常見的做法

杜拉克提出了目標管理的基本概念後，實務界受其所啟迪而發展出目標管理的做法，通常會以三個步驟：目標設定、目標執行、成果評價來落實目標管理的理念：

①**目標設定**：目標的訂定應由與目標相關的人員共同參與，一般是由主管與員工針對現有的所有的人力、物力、時間等資源予以討論後決定，在層級溝通之下，可更確保目標的合理、可行性，設定後的目標也應符合SMART原則（參見91頁），個別工作者可依據組織目標依據個人的職責所在，將共同目標拆解為個人目標，以確定個人的工作內容、進度，確保執行時可以評估成果。

「管理學之父」彼得・杜拉克

一九〇九年出生於奧地利維也納。他對全球經濟及社會發展趨勢的預言往往獲得印證，並常於管理學領域提出前瞻性的見解。過去，經濟學家認為企業是由「經濟力量」控制因而提出「企業是營利的組織」，但彼得・杜拉克釐清了這個謬誤的觀念，他相信企業是由人所創造，也應靠「人」來管理，同時，利潤不是企業和企業活動的目的，而是企業經營的限制因素，事實上企業經營的目的應該是「創造顧客」等。如此深入且創新的見解，遂而引領各大企業由「生產導向」的策略調整為「顧客導向」。杜拉克也因而贏得了「管理學之父」的美名。

②**目標執行**：組織成員在各自執行目標時，應隨時確認工作方向符合組織目標與個人目標，並定時確認工作進度，檢視目標的達成率是否符合目標，若有落差應予以調整。

③**評價成果**：任務執行完成後，工作者皆應自我審視執行成果，並予主管共同討論達成情形、與原定目標的差距，若績效佳則給予獎勵、未達目標則可再施以教育訓練，以助於日後能達成目標。

目標管理的基本概念與應用

─ 目標管理 ─

- 管理大師彼得・杜拉克於一九五四年提出。
- 透過組織成員共同參與目標的設定，所設定的目標應明確具體、有時間性與評估標準。
- 共同訂定的目標可以增加成員認同感，同時也便於評估成員的執行成果。

常見應用
方法

Step1：目標設定

- 由與目標相關人員共同參與，以諮商、討論等方式整合組織人力、物力、時間等資源後，擬定出整體目標。
- 目標應符合SMART原則。
- 個別員工根據職務屬性、工作內容，設定個人工作目標。

例 班長為了促進全班的情誼，提出舉行班遊的建議，經過班會投票多數通過後，決議全班訂定於一個月後至澄清湖烤肉，全班出席率預期應超過八成。財務股長負責購買所需物品、康樂股長進行康樂活動的規劃，學藝股長負責路線安排並確認參加人員。各股長需於一個星期內完成作業，並回報班長。

Step2：目標執行

- 在各自執行工作的過程中，應隨時確認工作方向、內容同時符合組織目標與個人目標。
- 應依據目標所訂定的達成時間確認進度，若有落後即應調整。

例 財務股長於週末至超市購買所需物品；康樂股長於下課後進行康樂活動的預演；學藝股長則於至遊覽車公司詢價，並於課間確認參加同學人數。

Step3：成果評價

- 成員任務完成後應各自審視執行成果。
- 成員與主管共同評估實際績效與預期目標的差距，根據結果予以獎勵或是再予訓練。

例 班遊在眾人合作下順利舉行，各股長皆達成目標，於班會獲得班級勳章一枚做為獎勵。

認識「決策」

規劃始於設定目標，並根據內外部環境分析的結果擬定策略，因此「決策」可說是規劃的核心，指引了達成目標的途徑。透過每一個大大小小的決策，組織便能找出最符合組織目標、最有效率、最適宜的處理方式。

什麼是決策？

決策就是當管理者遇到問題時，選擇解決方法的過程。需要決策的問題可能是基於績效不彰，或是組織現有資源、條件、狀況不能因應外在環境變動而發生問題，一般而言，決策的第一步是確認問題的存在；接著就是盡可能地蒐集各項與問題相關的資訊與知識，使問題發生原因更為明確、聚焦；蒐集足夠的資訊後，管理者可依據資料構想出各種解決問題的可行方案，透過對可行方案結果的考量與評估，最後選定符合組織利益的最適方案。正確的決策可以指引公司邁向成功；若決策錯誤、選錯方法，就很難有成功機會了。可見，決策可謂規劃的核心，象徵了管理的本質。

組織中每個成員，無論層級、職務類型，都需要訂定目標，進行各種決策，只是決策的內容、影響和重要性有所差異。企業的創辦人或高階主管掌握組織的重大方向，所做的決策為「基本決策」，該決策為公司長遠發展的基礎，對組織具有深遠的影響，例如決定公司的使命與願景；至於經常發生的「例行性決策」，由於複雜度低，影響層面小，則由組織的中階、低階管理者決定，例如領班被授權核定工人的排休申請。「基本決策」的內涵指引公司的長期方向，是組織生存的根基，高階管理者一旦擬定便不輕易更動，但為免組織的長期方向在時代變遷下逐漸不符潮流，或是執行過程處處碰壁、不符經濟效益，高階管理者應定期檢視基本決策的內涵，進行必要的修正。

個人決策vs.群體決策

決策時，決定採用單一個人的「個人決策」，或是集思廣益，經由相關人士討論再共同擬訂的「群

例外管理

工作中的常態性的決策稱之為「例行決策」，而針對日常運作中所發生不符合標準作業流程的情況進行控管，則稱之為「例外管理」。由於高階主管的時間與體力有限，無法事必躬親，因此常採行例外管理，僅針對營運中出現的異常現象親自出馬提出對策。

決策的程序

發現問題

因績效不佳或是外在環境變動而導致組織出現問題時,管理者需確認有問題存在。

 某網咖店長近來頻頻接獲客戶抱怨電腦設備老舊,經常當機的申訴。經查核後發現當機頻率確實偏高。

蒐集資料確定原因

廣泛、詳盡地蒐集問題相關的所有知識與資料,使問題的核心原因能更明確。

 店長清查設備的採購記錄,發現40台電腦平均使用年數達兩年以上。

研擬可行方案

針對問題原因構想、設計出所有可能解決問題的方案。

 店長列出兩項可行方案:

a全面更新電腦設備　　b部分更新電腦設備

評估可行方案

列出所有可行方案可能的結果,並加以分析,以便互相比較、評估。

 a全面更新　　　　→ 需花費160萬。
b更新50％的設備 → 需花費80萬。
c更新25％的設備 → 需花費40萬。

選定方案

依據現有資源、環境等條件自所有可行方案中選擇最適合者。

 顧及財力與顧客滿意,店長最後決定更新50％的設備。

體決策」，也是決策的一項重要考量。

「個人決策」由單一個人決定，所花費時間較少，可以避免人多嘴雜造成衝突。相對地，由於個人決策僅考量決策者個人的單一觀點，容易陷入個人的主觀意識，且因缺乏與他人的互動，決策較不易被其他成員接受。一般來說，當所面對的問題具例行性、影響範圍小時，會採用個人決策。「群體決策」則由眾人參與，可獲取更多資訊及多元觀點，且可增進決策的認同感，獲得支持。但群體決策需花費較多時間，較缺乏效率，且少數創新的意見可能成為從眾壓力的犧牲品，使得群體決策最後落入群體迷思，加上人多嘴雜，有責任釐清不易的問題。當所面對的議題複雜度高、影響廣泛廣且具有新奇性，透過群體討論可以收集多元資訊，適用群體決策。

理性決策vs.有限理性決策

無論是層級較高的基本決策，或是攸關日常事務的例行決策，決策者用以決策的時間是否充裕、資訊是否準確等都會影響決策者判斷的效益。最理想的狀態是決策者的理性充分發揮，獲取所有正確資訊，以擬定最佳方案，做出「理性決策」，但在實務上決策者的時間、資源往往有限，因此只能擬定「有限理性決策」。

理性決策：此為理想中的決策型態。理性決策假設管理者有充足的時間，可蒐集到與問題相關的各種資訊，且處於變動不大的環境，確保所蒐集的資訊不會因外在變化而產生嚴重誤差，因此管理者能在充裕的時間內，吸收各方資訊，並經由理性評估，客觀地研擬出解決問題的「最佳方案」。

有限理性決策：然而，理性決策的假設在實務上並不常發生，實際上，管理者往往被要求在最短的時間內做出回應，決策當時不僅資訊不完整，環境也動盪不安，此時管理者在時間與資訊的限制下，無法完全客觀地評估方案，只能依靠過去的經驗，主觀地擬定相對不錯的「滿意解決方案」。

理性決策vs.有限理性決策

理性決策		有限理性決策

時間充足
決策者有足夠蒐集資訊、評估方案、做出決定的時間。

決策時間

時間不足
決策者需在有限的時間內蒐集資訊、評估方案。

資訊完整
可蒐集充分的相關資訊。

資訊是否完整

資訊有限
在有限的人力、時間與成本考量之下無法蒐集完整資訊。

客觀
決策者完全了解資訊,可以仔細考量所有方案。

決策觀點

主觀
決策者無法獲知所有資訊,只能根據片段資訊或是個人偏好考量所有方案。

穩定
在決策至執行期間,所有相關因素都是穩定不變的。

決策環境

變動
在決策至執行期間,所有相關因素不時變動,無法全盤掌握。

充分掌握下,可充分發揮理性

未能充分掌握,故僅能有限發揮理性

最佳解決方案
在決策者全盤分析、評比後,可以選定能帶給組織最大利益的最佳方案。

滿意解決方案
決策者在有限的條件下,只能選擇差強人意的可行方案。

決策風格

決策過程雖是依據理性思考及評估，在各種可行方案中選擇最佳解決之道，但隨著決策者性格、行事作風的不同，表現出的決策風格亦有所差異，對各種決策風格的了解可以幫助決策者自我檢視與修正、也能讓所處組織同仁依據其特質提供更適當的協助。

決策風格的形成

每個人的性格都兼具理性與感性成分，決策者亦然。理性性格顯著的決策者，喜歡蒐集、分析大量資訊，從多種方案中評估選擇，一旦發生問題，會系統性地分析狀況，提出符合邏輯的解決之道。偏向感性性格的決策者，遇問題時則會以直覺掌握問題核心，並思考問題對相關人員的影響，諮詢各方意見後，在人際考量下提出解決方案。除了理性與感性兩種向度外，決策者對不明狀態的容忍程度，也會影響決策內涵。所謂「不明狀態的容忍程度」，是指個人重視細節、想要了解全盤資訊、想要確認決策未來走向的程度。不明狀態容忍程度高的決策者，面對複雜問題時儘管手上掌握的資訊有限，無法看清每個備選方案的長遠發展，仍願承擔風險做出抉擇；反之，不明狀態容忍程度低的決策者，由於無法容忍資訊不明的狀態，會主動、深入地了解問題再做出決策，對於某些會因環境改變而產生的突發狀況或資訊尚不明確的問題，則難以當機立斷。

四種決策風格

根據決策者理性或感性的特質，配合個人對不明狀況容忍程度的高低，可將決策風格分為指導型、分析型、概念型、行為型四種類型，決策風格主導了決策的過程，對最終決定具重大影響，決策者可藉這四種風格來了解自己的決策模式與優缺點，以供自我提醒、修正；而身為組織的成員，也應深入了解管理者的決策風格，適時提供必要的資訊幫助主管下定決策。

①**指導型決策風格**：指導型決策者偏向理性思考、且對不明狀況的忍受度低。處理問題時，需大量資訊輔助思考，擅長以講求邏輯的理性態度思量問題，決策時特別注重解決的技巧，能夠有系統地分析難題。他們對不明狀況的忍受度低，特別追求速度與結果，具備果斷的行動力，但相對地，也因此容易招來短視近利、不重視長遠規劃、為人專制的惡評。組織成員可以針對其不容忍模糊狀況的特點，多蒐集環境變遷趨勢的資料，使模糊狀態降低，可改善決策者不重是長遠規劃的情況。

②**分析型決策風格**：分析型決策者對不明狀況的容忍度較高，偏向理性思考，他們會蒐集、分析大量的資訊，但也容易過度分析而花費較多時間。這類決策者因為對不明狀況的容忍程度高，因此能沈著應付各種

突發狀況,即便處理不確定性高的問題,也能應對得宜。分析型決策者喜歡接受挑戰與變化,因此在組織中常能到達較高的職位。這類決策者的下屬可為上司蒐集更多、更充分的資訊以供參考。

③**概念型決策風格:**概念型決策者對不明狀況的容忍程度高。偏好以直覺、人際導向的思考方式解決問題,他們觀念開放,勇於冒險,喜歡透過人際互動、開會等方式來獲取創新、多元的資訊,樂於思考各種選項未來可能的發展性。但是決策時態度容易猶豫不決,不夠果斷。對

此類決策者的下屬而言,可積極地參與會議,投入討論過程,以利上司做出決策。

④**行為型決策風格:**行為型決策者對不明狀況的容忍度低,偏向感性思考,是四種決策風格中,最重視社交關係、人際導向的類型。這類型的人往往與他人相處愉快,社交活躍,常顯示出關懷的一面,但由於他們會避免衝突,決策時很難拒絕別人的提議,容易在人情壓力下採納並非最佳的決策。這類決策者的下屬在主管陷入人情壓力時應予以中肯的提醒。

四種決策風格

高

對不明狀況的容忍度

分析型決策者

決策者特質
● 能容忍不明狀況,具備應付突發狀況的能力。
● 慎重、小心翼翼的分析資料,因此必須花費較久的時間才能做決定。

下屬因應之道
可提出更多的與問題相關的資訊供決策者參考。

指導型決策者

決策者特質
● 對模糊狀況的忍受度低,不能考慮過多不確定方案。
● 能夠系統性地邏輯思考,注重執行任務的技巧。
● 具備果斷的行動力,但容易招致短視近利的批評。

下屬因應之道
可蒐集環境變遷趨勢的資料、幫助決策者減少不確定因素對決策的影響。

概念型決策者

決策者特質
● 對不明狀況的容忍程度高,可接受新的狀況。
● 參與多人的討論會議常可激發對解決方案的創新概念。
● 樂於尋找各種方法解決問題,但決策時容易猶豫不決。

下屬因應之道
可多參與決策討論過程,以利決策者構思解決方案。

行為型決策者

決策者特質
● 對資訊不明狀況的忍受度低,不能考慮過多不確定方案。
● 重視人際關係,熱衷參與社交活動,喜歡開會討論。
● 為了避免衝突,常接受他人無意義的提案。

下屬因應之道
適時提醒主管不應陷入人情壓力而做出錯誤決策。

低

理性任務導向　　　　　思考方式　　　　　直覺人際導向

群體決策的技術

當組織遇到複雜、需要新穎創意或影響範圍廣的問題時，常會採用「群體決策」的方式。為了避免群體決策時問題失焦、或討論缺乏效率而未能選出最適方案，管理者常使用腦力激盪法、名目群體技術與德爾菲技術做為決策的指引。

為什麼要進行群體決策？

「集結眾人的智慧」一向是群體決策的愛好者最引以為傲之處，雖然耗時耗力，但是對仰賴各層級員工貫徹決策的大型企業而言，促進成員參與、提高員工對決策的接受度更難能可貴，這些都是個人決策所無法比擬的優點。例如許多知名國際企業會召開跨國會議，眾多成員聚集交流之下可激發出更多創意，且能提高對公司的向心力。然而，群體決策同時有著效率不彰、從眾壓力等缺點，為了加強效率、激發更多創意，腦力激盪法、名目群體技術與德爾菲技術都是常見的方法。

①腦力激盪法

「腦力激盪法」是指管理者召開會議，透過與會者的討論激發各種創意。此法強調與會者不可對他人的想法提出批評，目的是讓與會者在無任何壓力下提出各種天馬行空的點子。腦力激盪的施行方法可分為以下三個步驟：

①產生構想：首先與會者輪流提出構想，過程禁止對他人的想法提出批評或是讚美，所有的成員只能澄清說明自己的想法，不可質疑或討論他人的意見。

②檢視構想：開始針對每個想法提出自己的看法進行討論，內容不設限，也鼓勵將各個構想進行合併或改進，藉以引導出另一個更圓融的方案。

③選擇方案：檢視會議中所有曾經討論過的方案，彙整每個方案的具體內容、優點及缺點，最後由小組成員公開表決，產生大部分成員所認同的方案。

腦力激盪法可以促進成員互相激發思考，並從中引發另一全新的構想，當管理者希望擬定一個競爭對手無法預期、有創意的決策時最為適用。

②名目群體技術

除了腦力激盪法之外，「名目群體技術」也建立在眾人互相激發創意的精神上，其進行方式如下：

①產生構想：由主持人告知討論主題，然後讓成員們各自在單獨的小房間內思考問題，並在紙條上列出可能的解決方案。

②公布構想：成員將紙條私下交給主持人，再回到會議室，由

主持人在會議工具，如白板或海報上，匿名寫下每個成員的提議，以公布所有人的構想，過程中不討論每個構想的內涵。

③**初步票選：**成員將白板或海報上所列出的所有可能方案，依各人的理解排列出喜好順序，記錄在選票上交給主持人，主持人依據投票結果公布最受歡迎的前幾項方案（通常為三至五個）。

④**討論構想：**成員開始針對較受歡迎前幾項想法進行討論，由原提出者澄清方案本意，與會者加入討論，發表看法，過程強調對事不對人，務必使每個與會者皆了解每個概念真正的意涵。

各種群體決策的技術比較

	腦力激盪法	名目群體技術	德爾菲技術
內容重點	鼓勵與會成員針對議題輪流提供各種天馬行空、千奇百怪的想法，過程不允許批評與讚美。	要求成員單獨產生構想，由主持人整合所有意見，僅針對比較受歡迎的幾個想法進行討論，最後票選出最佳方案。	禁止參與者碰面，透過郵件請各界專家匿名填答問卷寄回，主持人回收問卷後進行整合，再提出一份問題更為集中的問卷，請成員重複回答，最後統整回應的結果，得出最佳方案。
優點	可以避免害怕被批評而阻礙成員的創造力。	只討論較受歡迎的方案，較為省時。	成員互不見面，可避免顧及情面而犧牲少數聲音的問題。
缺點	只著眼於激發意見的過程。	沒有一一討論每個方案的可行性，容易忽略獨創性的想法。	一再寄送問卷相當耗時費力。
適用時機	當管理者希望擬定一個競爭對手無法預期、有創意的決策時適用。	當短時間內必須做出滿意解時適用。	當管理者預期某些成員集結成一股強大的力量，足以影響他人的不同意見時適用。

⑤最後票選：經過討論與概念澄清後，成員針對前幾項較受歡迎的方案，再做一次選擇，票選出最佳方案。

名目群體技術與腦力激盪法皆強調參與者輪流提出個人想法，強制成員提供意見，可以避免與會者不踴躍參與，同時也確保每個成員都有發言機會。雖然名目群體技術的步驟與腦力激盪法相比下較為繁複，但是由於歷經了兩次投票，成員只針對「比較受到歡迎的構想」進行討論，而不像腦力激盪法對每種想法皆予以討論，反而可以大幅縮短會議時間，此外，名目群體技術要求成員單獨寫下意見，不限制個人獨立思考的能力，也可防止自己的想法受他人影響，可避免從眾壓力。目前許多大型企業高層要做群體決策時多會採用此法，應用已有愈來愈普及的趨勢。

③德爾菲技術

有別於腦力激盪法與名目群體技術針對組織內部人員以「面對面」方式討論的機制，德爾菲技術藉由遠距離溝通，如寄送問卷的方式，針對組織外部相關領域的專家如法律、經濟、科技各領域的權威人士分別提出問題，要求以匿名方式填答調查問卷，再將他們的意見加以整理、綜合，直至結果獲得一致才結束。由於過程耗時費力，當組織欲決策的問題複雜且重要程度

高，需諮詢來自組織外部各方專家的意見時適用此法。

①寄送問卷：組織內成員針對問題發展出一系列的問卷，寄送給組織外部各地的專家，請專家匿名填答問卷，並將結果寄回。各界專家依據各自專業角度回答問卷，回收的問卷即所有專家想法的集結。

②產生構想：組織內成員彙整各領域專家所回覆的問卷，並以專家所提出的看法為基礎，再修改問卷使內容為更集中，然後重複步驟一的動作。

③整合結果：步驟一至步驟二的動作至少重複四次之後，在問卷一來一往的過程中，專家意見可逐漸整合，問卷結果愈來愈集中、收斂，最後可得出一項最多人支持的方案，即為最佳決策。

雖然德爾菲技術是三種決策方法中最為耗時的方式，但是它允許所有參與成員在決策過程中獨立思考，彼此沒有討論機會，因此可以避免發生群體迷思。另外，當領導者可預期會議中出現的反對聲浪足以影響溝通，或是面對面的群體會議可能讓部分人士操縱決策方向時，德爾菲技術便能發揮作用。

如何執行名目群體技術？

實例 小幼苗幼稚園獲得校友捐贈一筆款項，決定用來整修園區，這天園長召集了所有老師，決定以名目群體技術來產生結論。

Step❶ 產生構想

主持人告知主題，與會成員在單獨的房間思考問題，在紙條上列出可能的解決方案。

例 園長提出會議主旨，並請每個老師單獨思考，於便條紙上寫出構想。

Step❷ 公布構想

成員將紙條私下交給主持人。由主持人在會議白板上公布所有人的構想，過程中先不討論每個構想的內涵。

例 老師們將構想寫下，分別交予園長彙整在一張大海報上。

> 老師們的構想有擴大遊樂場、新增親子教室、新增室內體操場……

Step❸ 初步票選

成員將所匯集的所有可能方案依各人喜好排列順序，記錄在選票上，由主持人公布票選結果。

例 園長請老師們針對所有想法進行喜好排列，過程不加以討論。

Step❹ 討論構想

成員開始針對較受歡迎的前幾個想法進行討論，由原提出者澄清方案本意，與會者加入討論。

例 園長請老師們請老師們針對幾個比較受歡迎的構想進行討論。

> 新增親子教室可以增進親子互動。

> 擴大遊樂場可以增加小朋友的遊戲空間。

Step❺ 最後票選

經過討論與概念澄清後，成員針對這些較受歡迎的方案，再做一次選擇，票選出最佳方案。

例 老師們針對受歡迎提案進行最後表決，最後由「新增親子教室」獲得最高票，決定將空地建為親子教室。

> 新增親子教室高票通過！

組織

「規劃」可以清楚描繪未來藍圖以及達成的策略，
接下來，就是朝著既定的方向徹底執行事先規劃好
的每一個環節。執行的過程中，管理者的首要課題
就是有效地運用組織，包括集結具相同理想的人，
以及善用每個成員的長才以達成長遠的目標等。本
篇將探討組織設計、組織結構、組織生命週期……
等議題，除了建立「組織」的具體概念外，也將進
而探討如何才能讓組織愈變愈好。

■ 組織是名詞還是動詞？

■ 何謂組織設計？組織設計需考量哪些因素？

■ 組織結構有哪些種類？

■ 團隊等於團體嗎？

■ 組織有什麼樣的生命週期？

■ 判斷他人的方式有哪些？如何解讀他人行為？

■ 組織變革的原因及變革類型有哪些？

■ 該如何管理組織變革？

何謂組織

「組織」既是名詞，也是動詞。前者是指結合兩個以上的人力，為了共同目標而形成的集合體，例如家庭、社團、公司、紅十字會……等，都可稱做「組織」。當組織做為動詞時，則是代表四大管理功能之一，意指對各種資源進行配置，協調群體活動。

組織是擁有共同目標的群體

「組織」做為名詞使用時，是指一群人為達特定目標，經由一定的程序所組成的團體，也就是為了實現共同目標的一群人，經由職責、職權的分配形成上下層級的集合體。這個集合體以管理者為最高層級，將任務層層分派予下級。例如一群以推廣古典音樂為目標的愛樂人組成古典音樂社，由上而下分為社長、小組長、社員等層級，或是由弘揚佛法、樂善好施的信徒所組成的慈濟功德會，有精神領袖、各區幹部、志工等層級。

組織是進行溝通協調與資源配置

具有共同目標的個體集結成一個名詞的組織後，便開始進行動詞的組織內涵。「組織」做為動詞時，代表四大管理功能之一，指透過協調溝通，將人力與需執行的事務進行最佳配置，使成員各司其職，為彼此的共同目標而努力。例如，古典音樂社想將音樂文化深植於兒童教育，決定於育幼院開設「週末瘋音樂」的課程，由社長擔任領導者，分派任務給各小組和成員，有些人準備教材，有些人則準備樂器……等，成員間高度合作的動態過程，就稱之為「組織」。

營利組織vs.非營利組織

營利組織是指以獲利為目的的機構，舉凡一般公司行號皆屬之，而非營利組織則是以服務為目的的機構，例如以照顧清寒、植物人、老人、孩童、街友……等為己任的各種基金會，都是以服務人群、增進福祉為理想的非營利組織。

然而，營利組織與非營利組織並非兩種無法並容的組織型態。有些攸關眾人民生的組織，實際上便兼顧「營利」與「服務」這兩種看似違背的目標，例如，交通與郵政是人民生活所需，因此即使交通建設成本可觀、郵政營收每下愈況，政府仍會基於民生需求等「非營利」的考量維持經營，提供必要的服務。然而，企業經營以獲利為根基是亙古不變的真理，如何在營利與服務間取得平衡，背負服務眾人的使命邁開企業化經營的步伐，是當今國營事業的一大挑戰。

「組織」的意義

組織當名詞 一群人為達特定目標，經由一定的程序所組成的團體。

兩個或兩個以上的個體	共同的目標	進行層級劃分
例 **ABCD**等十位大學生	例 推廣古典音樂	例 **A**擔任社長，綜理社務 **B**擔任文宣組長，負責社刊製作 **C**擔任活動組長，負責舉辦音樂欣賞會 **D**擔任總務組長，負責財務與庶務

＋

＋

形成組織

例 十位大學生組成「古典音樂社」的組織。

進行

組織當動詞 達成組織目標，透過協調溝通，妥善配置人力與資源。

進行組織運作
透過分派與協調任務責任，達成共同目標。

動作1 ▶ 確認共同目標
例 開學時古典音樂社希望招收更多社員，辦理新生音樂欣賞會。

動作2 ▶ 建立組織結構
例 由社長總指揮文宣組、活動組、總務組，根據個別屬性各司其職。

動作3 ▶ 分派資源與人力
例 文宣組印製宣傳單、活動組商借場地、總務組購置茶點。

動作4 ▶ 協調資源與人力
例 文宣組印製宣傳單所需資料由活動組提供，費用則向總務組請領。

組織設計

組織結構與運作方式必須經過縝密設計，才能確保組織內的任務被適當分派，工作流程順暢，避免不當的組織結構導致資源浪費甚至無法達成目標。「組織設計」即為建立組織結構的過程，必須同時考量組織的內在特性與外在環境等可能影響組織運作的要素。

什麼是組織設計？

組織是為了達成獲利、促進公益等目標而成立，各項工作必須經過妥善的劃分與整合，才能達成目標。「組織設計」即是因應組織的目標，建構一套適當的組織結構，包括組織如何分層才能恰當地配置人力、各層主管如何分權才能提升工作效率等。設計得宜的組織架構，可使人力順暢地執行各個環節，幫助達成組織目標；相對地，若組織架構設計不良，將導致層級間的溝通成本高，工作流程缺乏效率，有損於組織運作。管理者在進行組織設計時，需同時考量組織本身的結構方式是否符合組織目標之外，還需留意組織所處的情境，才能設計出最合適的組織結構。

組織設計的結構因素

組織的「結構因素」包括組織的複雜化程度、正式化程度與集權化程度，結構因素與組織上下層級如何劃分、以及每項任務的特性息息相關，管理者在進行組織設計時，可依據組織目標選擇合適者，分述如下：

①**複雜化程度：**是指組織分化的情形，可從「水平分化」與「垂直分化」思考：

水平分化：是指組織結構就橫切面來看，應劃分出多少個同等層級的部門。當組織為達成目標所執行的任務講求細微分工時，會依工作的專業性設置部門，層級同等的部門愈多，表示水平分化的程度高，此時組織的分工細密，人員依據所長各司其職，工作責任明確；但相對，部門間分工細密會增加橫向溝通的成本，也提高了工作整合的困難度。

垂直分化：是指組織結構就縱斷面而言，應由上而下分割為多少層級。當組織為達成目標所執行的任務需要層層把關時，組織會分化成較多層級，層級愈多，表示垂直分化程度高，此時每位主管管理的部屬人數較少，亦即控制幅度較小，但主管也因此可更專注於每位員工的管理，有助提升管理效果。然而，垂直分化程度高時，上下級層層溝通較為費時費力，可能導致決策緩慢而錯過最佳時機。

②**正式化程度：**當組織為達成目標所執行的任務需依賴正式的規章制度來規範員工的行為時，表

組織設計時應考量的結構因素

結構因素

針對組織內部的層級、規範員工的程度、職權
關係等結構予以考量。

①複雜化程度

組織因應目標、任務特性的需求，在組織結構上需
要水平或垂直分化的情形。

水平分化
組織由水平面拆解成數個
部門，負責專門職務。

垂直分化
組織由上而下劃分為數個
層級，層層把關。

水平分化程度高	水平分化程度低	垂直分化程度高	垂直分化程度低
●分工細緻 ●每位員工負責最擅長的工作 ●橫向溝通成本較高	●分工粗略 ●每位員工的專長多樣，工作內容多樣 ●橫向溝通成本較低	●主管控制幅度小 ●管理效果佳 ●決策速度較慢	●主管控制幅度大 ●管理效果降低 ●決策速度較快

②正式化程度

組織評估目標、任
務特性之下，藉由
正式的規章制度來
規範、管理員工的
情形。

正式化程度高	正式化程度低
●嚴密規範員工行為 ●確保產品與服務的一致性 ●扼殺創意	●寬鬆規範員工行為 ●無法確保品質一致 ●鼓勵創意

③集權化程度

組織評估追求目
標、任務特性下，
將決策權集中在高
層的程度。

集權化程度高	集權化程度低
●高階主管掌握大權 ●可嚴正確保人員行動與組織目標一致	●高階主管授權屬下 ●人員行動與組織目標可能歧異

有機式組織

每位員工負責多樣工作內容、主
管控制人數較少、強調授權、組
織具有較大的彈性。

例 新成立的中小企業

機械式組織

每位員工負責專門工作、主管控
制人數較多、紀律嚴明、以規章
制度規範營運活動。

例 政府機關或國營事業

示組織的正式化程度高。此時組織會訂定較多的法規、辦法與規章管控員工的行為，以確保不同的員工面對相同問題時，有一致的處理措施。正式化程度高的組織要求員工凡事依規章辦理，忽略成員的創意與獨特性，長期下來容易導致組織僵化，失去了靈活變通的能力；但另一方面，成員依循一致的作業準則行事，可確保組織提供的產品與服務具有一致的品質，能夠增進顧客的信任。

③**集權化程度：**當組織為達成目標所執行的任務依賴集中於高層的決策權時，表示組織的集權化程度高。此時管理者的控制幅度大，上級主管擁有至高無上的權力，決定組織的大小事務，授權員工的程度低。在集權化程度高的組織中，管理者擁有較高的權力，發揮空間大，可以排除各種內部障礙確保組織朝目標邁進，但因員工事事需徵求管理者同意，沒有獨當一面的機會，故不易培養組織的接班人。

有機式組織與機械式組織

依據複雜化程度、正式化程度、與集權化程度三大結構因素所設計出的組織結構，大致可分為有機式組織與機械式組織。有機式組織強調授權，希望建立部門間暢通、快速的溝通管道，因此組織層級較少、複雜化程度低、集權化程度低，正式化程度也較低，屬於扁平式組織，例如新成立的中小企業。而機械式組織剛好相反，由於高度依賴正式的法令規章規範營運活動，高階主管握有大權，組織層級較多，因此正式化程度高、集權程度高，複雜化程度也較高，例如政府機構與國營事業。

組織設計的情境因素

進行組織設計時，除了考量結構因素外，組織現有規模、具有的技術、發展策略與產業狀態等也是重要的考量因素，稱為「情境因素」。了解各種情境因素，才能建構出務實有效的組織結構。不同情境條件下，適用的組織結構也有所不同：

①**組織規模：**不同的公司規模，適合採用的組織結構也不相同。許多研究指出，隨著組織規模成長，會使例行性的作業增加，工作專業化的程度提高，組織分工愈來愈細密，層級也愈多，此時組織複雜化程度提高，更依賴正式的管

◼ 什麼是控制幅度？

控制幅度是指一個管理者能夠直接領導部屬的人數，也稱為「管理幅度」。假設A公司和B公司都是由二十人組成的企業，A公司的垂直分化程度高，組織層級較多，共有四層，其中行銷主管底下的員工有五人；而B公司的垂直分化程度較低，組織層級只有兩層，公司只分為行銷部和產品部，行銷主管直接監督十名員工，此時相較下垂直分化程度低的B公司，其主管的控制幅度較大。

組織設計的四種情境因素

1 組織規模

 小

 大

小	大
例行作業較少	例行作業較多
工作專業化程度低、員工具備多種技能	工作專業化程度高、專業分工
組織部門、層級分化度低	組織部門、層級分化度提高
較不需正式的管理準則	較依賴正式的管理準則
適合有機式組織	適合機械式組織

2 組織技術

單位生產	流程式生產	大量生產
依據顧客訂單生產	工作是一個完整的流程	採標準程序工作
訂單的異質性高、較困難	工作的內容複雜、困難	工作的內容較簡單
工作技能要求高	工作技能要求高	工作技能要求低
工作非例行性	需高度授權以處理突發問題	工作具例行性
適合有機式組織	適合有機式組織	適合機械式組織

3 組織策略

低成本策略	差異化策略
強調有效率的經營方式	強調創意、滿足顧客特殊需求的經營方式
標準化、大量生產	給予員工發揮創意的空間
適合集權、制度嚴明的管理	適合授權、彈性的管理
適合機械式組織	適合有機式組織

4 產業環境

穩定環境	變動環境
管理者較易預測未來狀況	未來狀況不易預料
適宜規劃長期策略	隨時視環境調整策略
適合集權、制度嚴明的管理	適合授權、彈性的管理
適合機械式組織	適合有機式組織

理準則建立作業程序，組織結構會更趨向機械式組織。

②**組織技術**：組織技術意即組織所運用的生產技術。學者伍沃德於一九六五年曾針對將近一百家英國製造業廠商，進行生產技術與組織結構的關聯性研究，發現每一種類型的生產技術，各有其最適的組織結構。其中採行「單位生產」方式、即依據顧客訂單生產製造的組織，由於訂單異質性高，例如為顧客量身打造獨一無二的禮服，需要較高的工作技能，且內容非例行性，因此適合組織複雜化程度、正式化程度、集權化程度低的有機式組織結構。而另一種組織採用「流程式生產」方式、即連續、工作內容複雜、困難的生產方式，如蛋糕製作，因工作複雜度高，為了應付難以處理的各種突發狀況，也需要較高的工作技能，同時授權給員工，掌握在第一時間解決問題，因此亦適合集權化程度較低的有機式組織。至於大量生產的企業，如印刷廠，由於工作採用標準作業程序，具例行性，員工所需的技能層次較低，為了便於管理，採用機械式組織結構最有效率。

③**組織策略**：知名學者錢德勒教授早在一九六二年便提出「策略追隨環境，結構追隨策略」這個許多企業家奉為圭臬的名言，點出了組織結構應隨策略需要而調整的概念。例如，公司採用「低成本策略」時，可藉由制定並貫徹一套最有效率的生產方式，避免所有不必要的花費，此時宜採機械式組織。相反地，當公司採用「差異化策略」時，強調出奇制勝，為了鼓勵員工激發意想不到的創新點子，適合採用彈性大、給予員工自主空間的有機式組織。

④**產業環境**：遵從「策略追隨環境，結構追隨策略」的原則，組織的外在環境自然也會對組織結構產生影響，當環境穩定，變化緩慢易於預測時，組織適合規劃長期的發展策略，以集權、制度嚴明的方式進行管理，屬於機械式組織；反之，若產業千變萬化、難以預料，管理上則強調授權，保持因應危機的彈性，適合有機式組織結構。

組織生產技術對組織結構的影響

	單位生產 （小批量生產）	大量生產	流程式生產
特色	訂單因人而異，每次產量少，需要較高層次的工作技能。	訂單數量龐大，且相似性高，工作技能層次較低。	是一種連續的生產方式，工作內容複雜，要求高層次的工作技能。
實例	如人物公仔創作，依每位顧客臉型、表情及臉部特徵的不同，必須個別製作。	如碾米廠的作業流程，講求每個重複性的動作確實到位。	如製作生日蛋糕，從麵粉發酵到擠上奶油花邊，是一連串不停歇的工作流程。
垂直分化程度	低	中	高
水平分化程度	低	高	低
正式化程度	低	高	低
集權化程度	中	高	低

↓	↓	↓
適合 **有機式**組織結構	適合 **機械式**組織結構	適合 **有機式**組織結構

七種常見的組織結構

考量組織的結構特性與所處情境後，便可設計出有助於運作效率的組織結構。在實務上，由於每個組織的產品、生產程序、所處地區、顧客訴求……等各有不同，因此發展出了符合各種需求的組織結構型態，例如以人員所長為劃分基礎的「功能式組織結構」、以生產流程為劃分基礎的「程序別組織結構」……等七種常見型態。

①功能式組織結構

功能式組織結構以人力專業為部門劃分的基礎，將具有相似技能的員工分類於同一個部門，例如，公司把專長行銷企畫的成員集結為行銷部、專長生產製造的成員歸屬為生產部、專長研究創新的人劃分為研發部。雖然功能會隨組織目標、工作而改變，但功能式分類原則上可適用於所有組織。

以功能劃分組織結構的好處，在於可以透過清楚界定員工的專業，提供發揮所長的空間，減少資源的浪費，並且在整合員工的專長下發揮整體效能。缺點則是，功能式組織結構常因過於專注於本身所需承擔之功能目標，而產生本位主義，忽略了需仰賴各部門功能緊密結合方能達成組織目標的事實，特別是公司檢討營運績效時，各部門往往互相推諉責任，管理者很難明確指出誰該為結果負責。例如，業務部認為業績不佳是因為行銷部的市場分析不良，而行銷部則認為是研發部設計產品不當，諸如此類的情況，常見於功能式組織結構。此外，當各功能部門相互爭取公司有限的資源時，也容易產生部門間的嫌隙，無形中強化了各部門的本位主義。

②程序別組織結構

程序別組織結構是以生產流程或顧客服務流程為基礎，進行人力劃分，適用於連續性生產的產業，如餐飲店老闆將員工分為生食管理、熟食製作與前台服務等作業群，可以發揮專業分工之效，且易於管理人員。但由於各步驟獨立進行，工作銜接仰賴大量的協調溝通，同時各部門容易過於專注於本身的利害，而忽略組織整體利益，因此如何串連每個環節，使生產流程暢通無阻，確保目標的一致性將是採用程序別組織結構的考驗。

③產品別組織結構

產品別組織結構是指依據不同的產品線、或是不同的品牌，個別設立專責部門，例如，汽車經銷商依據產品種類的不同設立休旅車部門、小客車部門與大貨車部門；家用品製造商將公司劃分為清潔用品、女性保養品與食品等部門；若同類商品有不同品牌，亦在各大部門下設立子部門。產品別組織結構讓管理者可以快速了解市場對產品

七種常見的組織架構型態

① 功能別組織結構

- **組織設計依據：** 以工作人員的專業技能或相似的工作內容為部門劃分的基礎。
- **適用組織：** 原則上所有組織皆適用，功能會隨組織目標、工作而調整。
- **優點：** ① 相同專業背景員工充分合作，可增加工作的效能。
  ② 減少資源重複與浪費。
- **缺點：** ① 不同部門間易有門戶之見，相互排擠、爭取資源。
  ② 權責不易釐清，當公司產品發生問題時，各部門往往互相推諉責任。

實例 A公司依人員的專業技能將組織劃分為專職行銷宣傳的行銷部、專職業務接洽的業務部、專職產品品管及設計的產品部、專職行政庶務的行政部及負責新產品研發的研發部等不同功能之部門。組織結構如下：

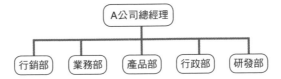

② 程序別組織結構

- **組織設計依據：** 以以生產流程或服務顧客流程做為劃分部門的基礎，各個部門分別網羅具有該流程專業技能的員工。
- **適用組織：** 具連續性生產特質的公司。
- **優點：** ① 工作流程更有效率。
  ② 成員專業分工，且易於管理。
- **缺點：** ① 各獨立步驟的銜接需耗費更多時間與精力協調溝通。
  ② 管理者需精確串連各部門的活動，以確保組織整體目標維持一致。

實例 模具製造廠依照模具的製造流程將組織分為設計部、製造部、磨光部、組裝部及品管部。組織結構如下：

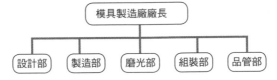

的反應，立即提出對策；同時，即使是小品牌或新品牌，也設有專責主管負責，不會因為經營熱門品牌而犧牲了新品牌的資源。只是，隨著公司逐漸成長，產品與品牌漸漸增加時，容易形成不同部門間的功能單位重複設置，使人事、行銷等成本提高。此外，同類但不同品牌的產品也可能在市場上彼此廝殺，造成自己人打自己人的窘境，埋下不同部門彼此對立的嫌隙。

④地區別組織結構

為了便於管理，許多跨國企業設計了地區別組織結構，如IBM將全球市場劃分為北美區、歐洲區與亞太區，諾基亞將全球業務分為五大市場，包括歐洲區、中東與非洲區、北美區、南美區、亞太區和中國區。設置地區別的組織結構，可以協助龐大的跨國企業有效管理不同地域的市場，並依據各區域的消費者特性即時回應顧客需求。此外，因區域負責人任重道遠，相對掌握較多的職權，工作自主性高，可獲得較多工作滿足感與成就感，而對工作更為投入。

只是，由於總公司距各區分公司遙遠，管理者只能從遠端了解員工的工作表現與績效，難以實際控管員工行為，因此各地區可能選擇性地遵從總公司的指示，而在其地盤自立門戶。為了避免此種「天高皇帝遠」的缺點，許多跨國企業的區域負責人是由總公司高層直接派員擔任，並隨時與總部保持緊密聯繫，至於服務當地消費者的基層員工則聘用各區市場的人才，以便與當地消費者溝通，提供在地化的商品及服務。

⑤顧客別組織結構

顧客別組織結構是指以產品的銷售對象做為劃分部門的基礎。當某一群顧客對相同的產品有特殊的需求或購買習慣，適合採行不同的行銷策略時，便可利用顧客別組織結構劃分部門，例如銀行為區分大眾市場與企業市場，設置了消費金融部與企業金融部，提供不同顧客群差異化的服務；成衣零售商為了服務不同的目標顧客群，將銷售部門分為童裝部門、女裝部門與男裝部門，並分別在幼稚園周邊與百貨公司、大型商場設立門市與專櫃，便於隨時掌握顧客脈動，回應市場需求。顧客別組織結構以顧客需求為出發點安排組織內部之活動，可以快速回應市場的變化，滿足各種顧客群的不同需求；但因不同部門互相爭取組織資源，如生產線的產能、行銷預算等，易形成組織內鬥。

⑥混合式組織結構

為促進組織成長茁壯，許多公司利用擴展營運據點，或推出創新的產品與服務來吸引更廣大的消費群，因此組織的體制與編制更加複

③ **產品別組織結構**

- **組織設計依據**：以公司內不同的產品線或品牌劃分部門，各個部門分別專責管理某一產品或品牌。
- **適用組織**：兼具許多產品線或品牌的公司。
- **優點**：① 對產品更為了解，產業環境改變時，可快速反應。
  ② 各種產品都有專人負責，工作責任歸屬明確。
- **缺點**：① 組織內產品與品牌增加時，會造成功能重複、成本提高。
  ② 同樣類別但不同品牌的產品也可能互相瓜分市場，造成部門的對立。

<u>實例</u> 銀行以所提供的產品及服務為基礎，將組織劃分為幫顧客理財的財富管理部、負責外匯業務的外匯部、負責存放款業務的存放款部及辦理信用卡業務的信用卡部，組織結構如下：

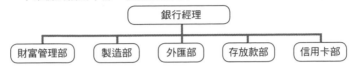

④ **地區別組織結構**

- **組織設計依據**：企業依據市場所在地劃分部門。
- **適用組織**：橫跨不同地域的跨國企業。
- **優點**：① 依據各區域的消費者特性即時回應顧客需求。
  ② 區域負責人掌握較多的職權，工作自主性高，可獲得較多工作滿足感與成就感，對工作投入更高
- **缺點**：總公司管理者難以直接控管各地員工，可能造成各地區分公司自立門戶、不受掌控的情形。

<u>實例</u> 跨國企業諾基亞公司依據各市場的地點，將組織劃分為歐洲區、中東與非洲區、北美區、南美區、亞太區和中國區，組織結構如下：

⑤ **顧客別組織結構**

- **組織設計依據**：公司以產品的銷售對象做為部門劃分的基礎。
- **適用組織**：公司所經營的產品可明確劃分為不同消費需求或消費習慣的顧客，採顧客別組織結構可以指派專人提供最適當的服務。
- **優點**：便於隨時掌握顧客脈動，回應市場需求。
- **缺點**：不同部門互相爭取組織資源，易形成組織內鬥。

<u>實例</u> 手錶經銷商根據銷售的對象將組織劃分為女用錶部、男用錶部及兒童卡通錶部，組織結構如下：

雜，組織結構的設計一改過去僅採用功能別組織、顧客別組織……等單一型態的方式，而是混合了多種組織結構的設計概念，互相搭配形成混合式組織結構。例如，成衣廠根據目標顧客群將組織劃分為童裝部、成人女裝部與成人男裝部，其中各部門又依功能差異分為生產中心、行銷中心與財務中心，最後，行銷中心依據銷售地點的不同，旗下分別設置北區銷售點、中區銷售點與南區銷售點，如此龐大的組織結構，便集合了顧客別、功能別及地區別組織結構等概念。

⑦矩陣式組織結構

矩陣式組織結構也是一種混合式組織結構，它集合了功能別與專

---

⑥混合式組織結構

● **組織設計依據**：混合了功能、產品、顧客等多種組織結構的概念。
● **適用組織**：組織規模大，以單一型態的結構無法顧及全局時。
● **優點**：可依需求混合多種結構，具備所混合結構之優點。
● **缺點**：提高管理的困難度。

實例 成衣廠以產品別將組織劃分為童裝部、成人女裝部及成人男裝部，再依功能別於產品部門下設置生產中心、行銷中心與財務中心，最後，應用地區別的概念根據全台的銷售據點，於行銷中心下設置北區銷售點、中區銷售點及南區銷售點，組織結構如下：

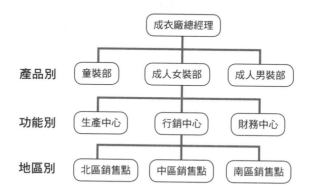

成衣廠總經理

產品別：童裝部　成人女裝部　成人男裝部

功能別：生產中心　行銷中心　財務中心

地區別：北區銷售點　中區銷售點　南區銷售點

案別結構的概念，亦即組織一方面以功能劃分部門，另一方面又因專案任務從各功能部門中網羅成員設置專案群。由於專案的成員既接受功能部門主管的指揮，同時又需聽從專案負責人的指派，多頭領導有違「指揮統一」的原則，可能導致員工無所適從；而兼具雙重身分意味員工必須承受雙重壓力，也容易造成高離職率。然而，彈性調度同一人執行功能部門與專案部門的任務，對公司來說既可減少人力、溝通、設備成本，也可同步滿足功能部門與專案任務的要求，為許多強調專案管理的大型企業所採用。

⑦
矩陣式組織結構

● **組織設計依據**：集合了「功能別」與「專案別組織」結構概念，橫向以功能劃分部門；縱向則網羅各功能部門的成員設置專案群。
● **適用組織**：強調專案管理的大企業。
● **優點**：具矩陣式組織結構兼具垂直及水平兩個指揮結構，人力運用較有彈性。
● **缺點**：成員需同時向功能部門主管與專案經理報告，當兩個角色互相衝突時，容易導致員工無所適從。

實例 行銷研究顧問公司以功能別將組織劃分為市場調查部、統計分析部及市場研究部，並網羅各部門人才於行銷專案中，以利專案之分工，組織結構如下：

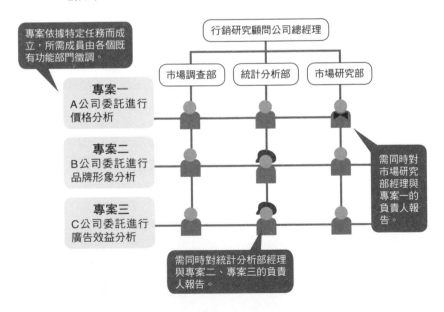

專案依據特定任務而成立，所需成員由各個既有功能部門徵調。

行銷研究顧問公司總經理

市場調查部　　統計分析部　　市場研究部

專案一
A公司委託進行價格分析

專案二
B公司委託進行品牌形象分析

專案三
C公司委託進行廣告效益分析

需同時對市場研究部經理與專案一的負責人報告。

需同時對統計分析部經理與專案二、專案三的負責人報告。

是工作團隊，還是工作團體？

「團體（group）」或「團隊（team）」皆由具有共同目標的個體聚集而成的組織，然而，團體僅是聚集而非針對工作任務進行整體運作，整體成果有限；團隊卻是能因互助合作，使所凝聚的整體成果大於個人成果總和。因此，當管理者講求綜效時，適宜選用「團隊」的組織型態。

團體vs.團隊

「團體」與「團隊」兩者看似相同，但其實有不同的意涵，團體是指一群人因為擁有共同的特性或目標而集合成群體，彼此分享資訊且接受共同規範，成員間並不因專長而分工，也不進行集體運作，因此其績效僅為成員個別貢獻之加總，例如網購族召集追求低價買進商品的大眾，以集體合購議得優惠價格。

至於團隊，雖然也是集合一群擁有共同目標的人，但不同於團體的是這一群人各自擁有不同專業技能，成員間為了共同的目標，依據所長彼此分工合作，且經常協調、溝通事宜，因此集體績效大於成員個別績效之加總，會產生正面綜效。例如本書中所談論的企業體，包括營利組織與非營利組織。雖然「團體」這個名詞十分常見，但其實管理學所探討的對象主要針對具有綜效的「團隊」。

正式團體vs.非正式團體

依據成員集結的目的，可大致將團體區分為「正式團體」與「非正式團體」。正式團體是指為執行工作而組成的群體，通常由組織出面召集而成，如公司內的某個部門或專案小組；為了達成工作任務，正式團體會有一定的組織結構與成員隸屬關係。非正式團體則為情誼發展而產生，通常是興趣相投的一群人所形成的自發性團體，如參加登山隊、社區保齡球隊等，因社交需求而結合，較無正式組織結構與隸屬關係。

正式團體又可再區分為指揮團體、任務團體；非正式團體亦可細分為利益團體、友誼團體。「指揮團體」聽命於組織明訂的上下從屬關係，成員層級遵從組織結構，如企業的行銷部、資訊部等；成員為了達成特定任務而集結成的則是「任務團體」，如經濟部為推動通訊產業發展而成立通訊產業推動小組、動物緊急救援協會為了搶救流浪狗而成立救援小組。

非正式團體中的利益團體，是由成員因擁有共同關心的特定事物，而形成志同道合的團體，如愛狗人士組成反虐動物聯盟，強調動物的生存權；一群重視環境生態的

工作團體vs.工作團隊

管理學以「工作團隊」為主要探討對象。

工作團體

工作團隊

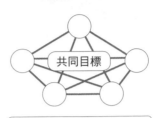

	工作團體	工作團隊
定義	兩個或兩個以上的個體，具有共通性，分享共同規範與目標。	一群具有互補性技能的人，為共同目標互助合作，彼此信任。
目的	分享資訊	互助合作
績效	無綜效，群體績效等於成員個別績效之加總，有時甚至產生負面效果。	有正面綜效，成員同心協力下可達成單打獨鬥所無法完成的目標，群體績效大於成員個別績效之總和。
責任	成員僅對個人任務負責。	成員不僅需背負個人責任，也需對團體目標負責。
技能	無特殊要求，成員所擁有的技能可能相似，也可能互補。	成員專長的技能各不相同，彼此互補。
實例	集體議價的網購族、早晨一起在公園練習土風舞的社區民眾。	以營利為目標的企業體、以服務為目標的公益團體。

學者組成保育團體，提倡溪流保育的重要性。友誼團體則是成員間因具有共同的特質而組成，如澎湖同鄉會、陳氏宗親會等。

群體共識的形成

無論處於正式或非正式團體，團體皆是由個體所組成，由於個體的背景、價值觀、是非判斷準則有異，個體目標難免有所不同，為順利達成目標、凝聚共識，管理者應致力使成員目標與團體目標一致。然而，管理者在形塑共識的過程中，若過於著眼共識的形成，而忽略激發團隊的價值，則容易犧牲團體中少數具創見的想法，最後採取獲多數人認同、但未必是最佳的方案。

發展「團體凝聚力」是管理者形塑成員共識的最佳方法。「團體凝聚力」是指成員共享團體目標、彼此信任、彼此吸引的程度，可促使團體目標一致。當團體對成員的吸引力愈強，且個人目標與團體目標愈一致，表示團體凝聚力愈高，此時成員會更積極投入任務，自動達成目標。

相反地，「團體迷思」則會使得團體看來好像達成共識，實則缺乏互信與溝通。例如當成員對團體目標的看法分歧時，若大多數人都認同某項目標，而不允許少數不認同者發表獨創的意見或提出異議，少數不認同者只能妥協於從眾壓力，順從多數人認同的目標，則團體利益可能因此受損而不自覺。為了避免多數壓抑少數，管理者採用群體決策時，可應用名目群體技術與德爾菲法（參見103頁），以免落入群體迷思的陷阱。

團體凝聚力vs.團體迷思

—— 團體成員對共同目標的認同 ——

團體成員若對團體的目標產生共識，能提高工作動力與工作績效。

例 A公司多年來經營休閒飲料市場有成，近來因B公司推出超低價的相似產品，導致營收明顯下滑，A公司的團隊成員正在商討對策，希望找出最受認同的做法。

正確做法　團隊凝聚力

成員共享團體目標，彼此信任互助，研擬群體共識。

例 A公司的團隊成員皆同意以「提升現有產品品質」來對抗B公司，除了加量不加價外，也重新包裝產品，給消費者煥然一新的感覺。

錯誤做法　團體迷思

少數獨創的意見受多數人認同的想法所壓抑，群體共識只是假象。

例 A公司多數成員認為應提升產品品質，但少數成員相信降價更具競爭力，最後為了維持團隊和諧，只好被迫接受「提升現有產品品質」的想法。

成員開誠布公分享想法，群體共識集結眾人的智慧。

僅達成決議，並非達成群體共識。

組織生命週期

組織就像有機體一般，也會依序歷經數個生命歷程，稱為組織生命週期，包括萌芽期、成長期、成熟期與衰退期，不過，組織和有機體最大的不同，就是管理者若能洞燭先機，便有機會力挽狂瀾，避免組織走向衰退，而進入再生期，重新輪迴。

萌芽期

組織從創辦人成立企業起便進入「萌芽期」，公司此時多半只銷售單一產品，創辦人常常身兼「工友與老闆」，將組織裡大大小小的事一肩扛起，尚未制訂明確的規章制度，一切事務以創辦人的理念為最高經營準則。萌芽期時，消費者對公司產品尚未熟悉，因此組織的成長速度相當緩慢；加上草創時期需挹注大量資金，面對無法預測的未來，創辦人的策略多半趨向保守，生產量以探測市場需求為主，較不傾向大量生產，在無法達規模經濟水準之下，產品價格也較為高昂。此外，企業成立之初產品知名度尚未拓展，公司對通路的談判力也較弱，導致配銷通路亦較薄弱。

成長期

一旦公司產品獲得消費者支持和需求，便邁入成長期。為消化大量訂單，公司會需求更多人力而進用新員工，並進行工作劃分。事務增多下，創辦人無法事必躬親，因此會逐漸下放權力，將例行性高與複雜性低的工作交付屬下完成。為便於管理，組織開始制訂規章程序，以維持組織結構的穩定性，此時創辦人需向成員溝通組織的願景與目標，強化成員的向心力，推動組織邁向高峰。由於產品需求量增加，公司可透過標準化的製程大幅提高生產量，以獲取規模經濟，此舉亦可促使產品價格下降，吸引更多消費者青睞，但降價可能侵蝕了其他同業的市場，引發競爭公司大打低價策略的反擊。

成熟期

成熟期的市場需求成長率漸小，使得為了因應成長期大量需求而新增的設備及產能過多，有供過於求、產能過剩的傾向。成熟期的組織結構偏向官僚的機械式結構，建立了許多規範員工行為的準則，人事規章也逐漸完備，除了制訂員工福利外，也需預測人員退休情況，並著重內部升等。此時組織會鼓勵員工參加教育訓練，各部門也會定期討論現有產品的缺失，為開發新產品預做準備。由於廠商間競爭激烈，公司既有產品的優勢能否避免被競爭者複製將影響組織存亡，因此需強化公司的競爭優勢、提高產品的附加價值，諸如舉辦行銷活動提高公司曝光度、提升品牌

知名度等都是成熟期廠商常採用的策略。

衰退或再生？

公司邁入成熟期時，市場需求漸趨飽和，此時組織若無法推出創新的服務與產品，最後會因需求下滑逐漸被市場淘汰，邁入衰退期。推出創新的技術與產品是許多面臨市場萎縮的企業脫胎換骨的祕訣。新的技術與產品有賴管理者對消費者偏好、社會變遷之長期觀察，創新的技術與產品也必須通過市場考驗，獲得顧客認同，才能創造實質收益，避免公司步入衰退期。一旦公司創新成功，則進入另一個組織生命週期的循環，在原有基礎下從新的萌芽期再次出發。

組織生命週期

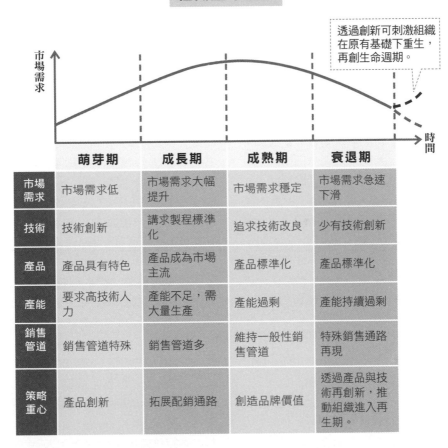

透過創新可刺激組織在原有基礎下重生，再創生命週期。

市場需求 ↑ / 時間 →

	萌芽期	成長期	成熟期	衰退期
市場需求	市場需求低	市場需求大幅提升	市場需求穩定	市場需求急速下滑
技術	技術創新	講求製程標準化	追求技術改良	少有技術創新
產品	產品具有特色	產品成為市場主流	產品標準化	產品標準化
產能	要求高技術人力	產能不足，需大量生產	產能過剩	產能持續過剩
銷售管道	銷售管道特殊	銷售管道多	維持一般性銷售管道	特殊銷售通路再現
策略重心	產品創新	拓展配銷通路	創造品牌價值	透過產品與技術再創新，推動組織進入再生期。

管理者判斷他人的方法①：判斷他人的捷徑

個人對他人的認知往往來自於主觀意識，並不一定代表事實真相，因此常會發生誤判或曲解。了解「判斷他人的捷徑」雖可幫助管理者快速判斷他人，但也容易產生認知偏差，故管理者應於判斷他人之前自我提醒，判斷他人之後再次審視結果，避免錯誤認知造成判斷失真。

管理者如何判斷他人？

人是透過感官接收外在的訊息後，對外界的人、事、物產生知覺，進而對其加以定義、詮釋。然而，每個人對相同的事物，卻往往基於不同的背景與個性，而產生不同的判斷，難以釐清何者較貼近事實。管理者對於組織成員的判斷也是如此，例如看到一位員工熬夜加班，有的管理者會認為員工認真負責，有的管理者則理解為工作缺乏效率的表現。

在解讀員工行為時，管理者所需注意的是，人們經常會使用一些簡化事物的技巧以求快速了解他人，即所謂「判斷他人的捷徑」。判斷的捷徑可以讓管理者在有限時間內、有限訊息下更快速地認知事物，但若過度依賴這些捷徑，也可能導致判斷有失客觀。了解判斷他人的捷徑可提升管理者的判斷技巧、幫助管理者體認其他成員眼中的自己，更重要的是，管理者在認清這些捷徑可能造成的誤判或扭曲後，才能加以避免，於決策前徵詢多方意見力求判斷客觀。

判斷他人的捷徑有哪些？

常見的判斷捷徑有選擇性知覺、月暈效果、投射效果、對比效果、刻板印象等五種，分述如下：

●**選擇性知覺**：指人們根據自己的興趣、背景、經驗及態度，選擇性地擴大某些資訊所產生的知覺以解釋他人，例如湯姆為公司甄才時，遇到出身相同校系的學弟，認為他應該擁有與自己類似的專才及想法，而對此人留下深刻印象。

●**月暈效果**：月亮大小其實包含了實際大小與月亮的暈光，因此月暈效果是指依據某人單一的特質，如智力、社交能力或外表儀態等來推論其整體印象。雖然此法可用於判斷認識不深的對象，但經常有失偏頗，例如湯姆甄才時，認為口齒清晰的求職者會有較佳的工作能力、五官端正的人較具親切感等，皆屬以偏蓋全的觀念。

●**投射效果**：指主觀認定他人與自己相同，例如湯姆是個工作狂，假日常到公司加班，他認為員工也應該和自己一樣樂於工作，願意犧牲假日，於是經常命員工假日加班。投射效果以本身來設想他人，可以很快地做出判斷，但若未偵察事情的真相，往往會認知錯誤。

●**對比效果**：指判斷他人時，

會受到前一個具相似特質的人所影響，例如湯姆面試新人時，對第二位應試者的印象會受到第一位應試者的表現所影響，第一位應試者遲到，而第二位應試者準時，則會對第二位有更好的印象，事實上，這樣的判斷並不見得正確。

●**刻板印象**：指認定個人屬於某種團體，依此判斷他的行為。例如湯姆甄選新人時，發現某位應試者是客家人，因此推斷他應該比較節約勤儉，正符合組織所需，於是加以錄用。

為了避免誤判，管理者藉由捷徑快速地理解他人時，也應透過更多的觀察與接觸蒐集多方資訊，深入了解他人的行為，才能使判斷的基準更為客觀。

五種判斷他人的捷徑

選擇性知覺
管理者受自己的背景與經歷所影響，而選擇性擴大某些資訊所產生的知覺。

例 彼得是一家企管顧問公司的負責人，行銷背景出身的他具有相當豐富的實務經驗，他在協助客戶尋找經營改善之處時，常常認為行銷問題最為嚴重。

月暈效果
管理者以個人的某部分特質做為整體的評價。

例 年底打考績時，彼得的兩位部屬湯姆與約翰在創造營收上數據差異不大，彼得印象中湯姆經常熬夜加班，彼得認為這表示湯姆對公司的認同感較高，故給了湯姆較高的評價。

投射效果
管理者主觀認定他人與自己相同。

例 彼得為了感謝湯姆的辛勞，私下送給湯姆自己最愛的麥卡倫威士忌，彼得以為湯姆跟他一樣會喜歡威士忌，實際上湯姆只愛喝金門高粱。

對比效果
管理者因將個人與他人相互比較而產生知覺。

例 湯姆與約翰春節至彼得家拜年，兩人都熟知彼得偏好威士忌，竟不約而同都送了麥卡倫威士忌，但分別是窖藏12年與50年，相同品牌一比之下，彼得當然較喜歡後者。

刻板印象
管理者認定某人屬於某種團體，而根據該團體特質判斷某人的行為。

例 彼得與一位新客戶共進午餐，發現對方吃素且手上配戴水晶珠鍊，故判斷他是一位佛教徒，彼得為投其所好遂將聊天話題轉移至佛教文物上。

優點
管理者藉由這些捷徑可以簡便、迅速地理解他人行為，並預測之後可能的行為。

缺點
這些捷徑經常過於偏重部分認知而偏離事實。

除了藉由捷徑快速理解他人，也需蒐集多方資訊再下判斷，才能避免錯誤認知。

管理者判斷他人的方法②：歸因理論

管理者為了解成員，進而對其領導統御，會對成員的行為加以觀察、做出判斷。應用「歸因理論」分析行為的成因，管理者可以了解員工的行為是出自個人的人格特質等內在因素，或是受外在條件等外在因素所影響，進而控制內外在環境，指引員工表現出期待的行為。

歸因理論

「歸因理論」是指人們推論自己或他人行為的方法。當管理者對自己或他人的行為進行分析，試圖提出行為的形成原因時，往往可將行為來源區分為內在與外在兩種類型，若行為由個人內在引發，為個人可以主動掌控，稱為「內在歸因」；若行為受外在環境、社會條件等外在因素影響而產生，則稱為「外在歸因」。管理者了解行為的成因後，便可擬定決策。若行為由當事人的內在歸因所導致，管理者應針對員工個人施以管理，若是由當時外在條件的外在歸因所造成，管理者便需控制整體環境。

決定行為歸因的三大因子

管理者在判斷成員行為是受內在或是外在因素所造成時，可由行為的獨特性、共通性、一致性等三大因子進行觀察：

獨特性：意即觀察個人的行為是否在任何情況下皆相同，或是僅在特定情況下才如此表現。當某項行為的獨特性低，表示當事人在各種情況下有相同的表現，行為受本身的影響甚鉅，屬「內在歸因」；

反之，行為的獨特性高時，為外在歸因。例如管理者判斷員工今天遲到的原因，需先釐清員工是經常遲到，或是偶爾遲到。若經常遲到，則行為的獨特性低，屬於「內在歸因」，可能是員工不善於時間管理，則主管應教導員工時間管理原則；若偶爾遲到，則獨特性高，屬於「外在歸因」，可能是外部交通狀況所導致，主管即不需特別處理。

共同性：意即觀察個人的行為是否與他人相同，當行為的共同性高時，表示面對相同的情況，當事人的回應與多數人相同，因此可推論行為的引發受外在環境影響，為「外在歸因」；反之，共同性低時，表示當事人特立獨行，行為屬「內在歸因」。例如主管發現員工延遲交件，若負責相同案件的員工皆延遲，則共同性高，屬於「外在歸因」，表示可能案件困難度高，所以需要更久的作業時間，主管可以加強教育訓練來改善；若只有一位員工延遲、其他員工皆準時交件，則共同性低，屬於「內在歸因」，可能是該員工本身倦勤所致，主管需個別激勵來因應。

歸因理論的應用

管理者解釋員工行為的三大因子	行為歸因	實例

1 獨特性

個人的行為是在任何情況下皆相同；或是僅在特定情況下才如此表現。

獨特性高個人的行為僅在特定情況下才出現。 → 外在歸因行為是出自外因素。

獨特性低個人的行為在任何情況皆相同。 → 內在歸因行為是出自個人因素。

愛麗絲是一位友善親切的客服人員，即使客戶提出無理的要求仍然抱持親切態度，客服主管推論愛麗絲的行為屬內在歸因，認為她原本的個性即溫文有禮，對愛麗絲非常器重。

2 共同性

在相同情境下，個人的行為是否與他人相同。

共同性高個人的行為是與他人相同。 → 外在歸因行為是出自外在因素。

共同性低個人的行為是與他人不同。 → 內在歸因行為是出自個人因素。

今天一位態度一向和善的老主顧前來銀行申辦信用卡，每位行員對他都十分友善，但客服人員丹尼爾卻粗魯無理地對待他，客服主管認為丹尼爾因最近投資不利導致心情低落，推論其行為屬內在歸因，因無法提供與其他同事相同的服務品質，決定暫時先將他調至後勤單位。

3 一致性

在相同情況下，個人是否會表現一致的行為。

一致性高個人的行為表現一致、規律。 → 內在歸因行為是出自個人因素。

一致性低個人做出很罕見的突發行為。 → 外在歸因行為是出自外在因素。

愛麗絲的同事米雪兒是銀行的理財專員，愛麗絲發現，每當客戶有投資規劃的需求時，米雪兒都會站在客戶利益的角度進行分析，而不是只考量公司獲利，行為屬內在歸因，愛麗絲很高興自己結交了一位以顧客為重的朋友。

131

一致性：意即觀察在相同情況下個人的行為表現是否一致，當行為的一致性高，表示當事人受其主觀意識影響，在相同的情況下有相同的反應，行為屬「內在歸因」；反之，一致性低時，表示當事人常常不按牌理出牌，行為屬「外在歸因」。例如主管發現員工假日從不加班，行為一致性高，屬於「內在歸因」，可能是因為員工重視家庭生活所致，主管即可以特別關懷其家人來拉近距離；但若其忽然於週末加班，行為一致性低，屬於「外在歸因」，可能是任務較為繁重所致，主管可調派其他同仁分擔工作，減輕其壓力。

歸因的謬誤：基本歸因誤差、自利偏差

然而，管理者的判斷並非全然正確，「基本歸因誤差」與「自利偏差」就是常見的誤判。「基本歸因誤差」是指人們在判斷他人行為時，經常會高估內在歸因且低估外在歸因，導致判斷出現誤差。例如，老師認為同學遲到是因為睡過頭（內在歸因），而不是交通狀況（外在歸因）所影響；家長認為小孩學業成績不好是因為不夠用功（內在歸因），而不是試題過難（外在歸因）；老闆認為員工業績下滑是因為開拓新客戶不力（內在歸因）而非客戶偏好改變（外在歸因）。

「自利偏差」則是指人們基於自利的原因，傾向於將成功歸因於個人，失敗歸因於外在的情形，例如，學業優異的學生喜歡將成績表現歸因於自己認真努力，而成績落後的學生則常將結果歸因為出題不佳等因素；組織績效佳的管理者會將好績效歸功於自己領導有方，績效差的管理者則會將績效歸咎於成員執行不力等。管理者應自我提醒，避免這些謬誤和成見曲解其對於成員行為的歸因，以避免做出不當決策。

組織變革

組織運作過程中，難免會遭遇環境、人事的改變，使得原有的做法不符現實所需，此時高階主管必須策動變革，汰換不符實際需求的組織架構，並且揚棄陳舊的信念、行為、工作技術、結構、策略……等，推動組織邁向另一個高峰。

促成組織變革的原因

組織變革是指對企業運作流程重新檢視與設計。當組織長久以來所追求的目標、遵循的組織結構、投入的人力培訓、採用的生產技術或工作流程因環境變遷而不再適用時，管理者會發起組織變革，藉著調整組織策略、結構、人員及技術迎合新環境，以免被時勢所淘汰。

促成組織變革的環境因素有二，一為來自外部的力量，包括以下三大外部環境因素：a市場變化：如消費者的偏好改變、競爭對手推出殺手級的新競爭產品等，此時組織為了鞏固市場占有率，必須改變原有的經營型態迎向新挑戰；b科技革新：科技的進步常常促成組織跳躍性的改變，尤其是先進技術的發明取代了傳統勞力，許多傳統作業性質的勞工一夕失業，組織的人力結構也大幅改變。c經濟變動：景氣變動也會造成組織變革，例如經濟環境低迷時，許多公司必須以裁員的方式降低營運成本，當景氣大好時，也可能擴大編制、增加產量以因應市場需求。

另一個引發組織變革的環境因素則來自內部力量，包括二項內部

環境因素：①**員工特質改變：**組織成員的年齡、教育程度、性別、性格等特質的改變，意味員工需求也發生變化，因此管理者必須進行管理方式的調整。例如，隨著組織員工的平均年齡逐漸增長，公司必須擬定健全的退休制度與人力招募計畫，以利技術傳承；女性投入職場的比例逐年攀升，許多公司紛紛宣導男女平權的辦公文化。②**管理者異動：**組織的高階主管異動時，管理方式也會因人而異，特別是「新官上任三把火」，新的管理者常會提出新的管理方法或作業模式，此時員工必須調整自己的步伐配合新主管的要求。例如，原管理做法寬鬆，允許員工彈性上下班，現換了一個做事一板一眼的管理者，員工便需適應新管理理念準時上下班。

常見的組織變革類型

一旦管理者察覺內外部環境的變化可能導致組織績效下滑，組織有改變現況的需要時，即可於適當領域推動變革，其中以人員、科技、結構及策略上的變革最為常見。

人員變革：在內外環境一再變動下，員工舊有的價值觀及態度不符合現狀需求時，需要進行「人員變革」。組織可藉由招募新血或宣導新觀念進行人員變革，透過改變員工的價值觀與態度，適應內外環境的壓力，提升工作成果。例如過去大學行政單位的執業人員常常拘泥於冗長的繁文縟節，做事缺乏效率，但近年少子化的社會風氣影響下，許多私立大學為了生存紛紛推動內部人員變革，將「學校如同企業、學生形同顧客」的概念灌輸給員工，提高招生率。要使人員變革真正發揮效益，關鍵在於讓企業所認同的價值觀、工作態度深植於組織文化中，並確保員工對組織文化的認同，才能自發性地遵循，形成個人的固定工作模式。

科技變革：「科技變革」往往來自於組織外部的壓力，如新科技的發明、現有技術的改良等。當科技有重大突破時，會驅動組織的工作方法改變，例如，電腦與網際網路的發明，使得原本用人工處理的文書及遞送工作相形之下耗時費力，若組織拒絕採用電腦與網路，績效勢必被低落的工作效率所拖累。

由於科技的發展不是一朝一夕即可完成，而是漸進形成，管理者必須隨時留意科技的發展趨勢，預先思考新科技可能帶給組織的衝擊，或新技術興起可能帶來的市場機會，以免落後於潮流或於不知不覺間錯失商機。

結構變革：結構變革是指組織結構的改變，包括組織部門的調整、職權與職責重新劃分。當組織內部的管理者異動，新管理者對於任務分派的理念有別於以往，或是組織規模擴張、內部員工增加，需增設組織層級或組織部門加以管理時，管理者會著手進行結構變革。除了組織內部的環境因素外，組織外部的市場競爭情況也會推動結構變革，如產業競爭日益激烈，為即時回應顧客需求，組織上下層級的溝通體系需更具彈性時，管理者也需安排結構變革以免流失客群。

策略變革：策略變革是指改變組織的策略。當管理者評估組織內部的優勢與劣勢，或是考量組織外部的機會與威脅後，認為組織現行策略無法達成既定目標時，可進行策略變革改採另一更可行的策略，以達組織目標。例如，一位經營國內市場有成的業者以進攻海外市場為目標，他原本展現雄心壯志，於海外設立分公司，並聘僱當地的勞工協助營運，然而多年來卻虧損連連，終於無法負荷昂貴的租金與勞力成本而關閉海外公司，改找當地代理商來經營海外市場。從原本的直接投資海外到改採代理商的營運模式，策略變革讓目標得以完成。

變革的原因與類型

外部推動力量

市場變化
消費者出現新的偏好、競爭者提出新競爭品…等，使組織必須改變原有的經營型態。

科技革新
新技術的發明與改良是驅動變革的一大力量。

經濟變動
景氣好壞會影響公司獲利，組織需透過變革加以因應。

人員變革
組織改變成員的信念、價值觀以及行為，以因應不斷變動的內外環境。

例 近年來許多國營企業紛紛民營化，其目的之一就是改變公務人員「吃大鍋飯」的心態，希望提升服務品質與公司競爭力。

科技變革
當科技有重大突破時，組織會引進新的技術或設備，改變原有作業方式。

例 工廠導入自動化的機械設備、辦公室全面電腦化等。

組織變革

結構變革
由於內外環境的需求改變，組織進行部門的調整、職權與職責重新劃分。

例 公司隨著產品多元化，將功能別組織結構改為產品別組織結構。

策略變革
組織現行策略無法達成既定目標時，會改變組織達成目標的方法。

例 公司過去提供顧客與競爭對手相似的產品，因此採取低價競爭，利潤微薄，現改變策略，提供高品質具特殊性的產品，議價力提高，可訂定高價。

內部推動力量

員工特質改變
國民教育水準普遍提高，新進員工的素質提升，為組織帶來更多創見。

管理者異動
新管理者上任時，往往會帶來新的管理方法、互動模式。

三階段變革過程

社會心理學家李溫將組織變革比擬為「塑形」的過程，認為變革有解凍、改變、再凍等三大步驟，亦即變革起源於管理者對現有想法的省思與求變，透過革新既有觀念與做法將組織改變為新的局面，最後再將新概念深植於組織內部，穩固變革的成效，分述如下：

解凍：是指鬆動已經行之有年、成為習慣的做法與觀念，管理者在此階段可要求組織成員思考過去的行事方式有何不妥及需改進之處，並以循序漸進的方式灌輸員工「變革有利於組織未來發展」的思想，取得員工的支持。

改變：意即管理者提供員工對現狀的改善之道，並引導其執行。如建置新系統、成立新管理機制、進行訓練課程教導員工新技術與新概念等，鼓勵員工改變舊有的態度與行為，使之朝預定的目標發展。

再凍：是指改變啟動後，管理者必須強化改變後的各種觀念與做法，以免變革的成效無法持久，此時管理者應鼓勵員工將所學的新技術與概念應用於日常工作，使組織穩固於新的狀態。

組織進行變革時，員工常因跳脫原本的習慣領域而產生抗拒，若管理者能依據解凍、改變、再凍三大步驟推動變革，讓員工了解既有觀念與做法的不適用之處，認同變革的必要性，日後引進新技術或新流程時，便較容易獲得員工的支持，新的觀念也較易深植於組織內部。假若管理者沒有先解凍員工施行已久的舊觀念，而直接跳到改變的步驟，貿然引進新技術，勢必容易引起員工的反抗，最後恐怕變革不成，反而引發組織內部緊張不安的氣氛，有害組織績效。

如何策動變革？

 實例 彼得經營了一家知名的連鎖服裝店，在全省各大百貨公司都有據點，十分受到年輕族群的喜愛，但是，近來業績卻年年下滑，他發現許多老主顧現在都在家上網購物，影響了實體店面的生意，彼得決定進行革新，挽救業績。

Step1 解凍

管理者應反省與鬆動已經行之有年、成為習慣的做法與觀念，並傳達給組織成員。

 實例 彼得原本認為：「上門的顧客不僅講求服裝設計別出心裁，也重視衣服的質料與合身度，因此以實體門市經營才能服務顧客」，但觀察服飾業在網路世界蓬勃發展，他改變了過去的觀念，且開始積極地在員工的朝會上將觀念傳達給員工，公司上下著手計畫進軍網購市場。

Step2 改變

管理者提供員工新觀念及技術，並引導其執行。

 實例 彼得為了因應這個經營策略的大改變，為公司購置了電腦設備、請網路公司設計網頁，且引進了電子商務系統，以利於即時掌握訂單與存貨狀況，居中調度。為了讓員工熟悉新的做法，彼得設立了操作電子商務系統的訓練課程。

Step3 再凍

管理者必須強化改變後的各種觀念與做法，以強化變革的成效。

 實例 彼得的網購市場終於開張了，一開幕就湧入許多瀏覽人次，熱門商品被訂購一空，很多人留言告訴彼得他們很喜歡服裝的設計風格，彼得和員工對網購市場都更有信心，決定定時更新設備且持續相關教育訓練，以深植此經營模式。

變革管理

組織無論是進行人員、科技、結構或是策略變革，相關成員都可能因為改變現狀所帶來的恐懼與對未來的不確定性等各種原因而有所抗拒，若未能做好變革管理，不但變革不易成功，甚至會引發組織惡鬥的危機。

為何抗拒變革？

　　組織要能順利、成功地變革，首先必須了解員工為什麼抗拒變革。其實，害怕改變是人類與生俱來的生理機制，人們為了保護自己，偏好於選擇熟悉的事物，而改變正意味熟悉事物即將消失，因此會心生恐懼而加以抵抗。例如組織以招募一批新血進行人員變革時，既有成員會擔心年輕的新進人員取代自己而排擠新人；組織推動結構變革重新劃分組織層級時，成員會在意新的組織結構中自己的任務地位，若相較以往更為不利，便會發起反對聲浪。因此，管理者若想降低員工對變革的抗拒，必須大力推行事前的溝通及宣導，唯有讓員工了解改變的用意、改變後組織及個人可能發展方向，才能消除成員心裡對未知事物的疑慮。

順利變革的管理作法

　　當管理者遭遇成員抗拒變革時，首先應採用柔性溝通方式，循序漸進地推動改革，或採取利誘方式，吸引員工配合組織變革。若柔性無效，管理者便必須利用硬性的高壓懲戒方法來嚇阻抗拒的員工。以下介紹幾種方法抗拒變革的消除方法：

　　員工參與及溝通：透過討論、溝通，可幫助員工了解變革，並提供發表意見的管道，以減少員工因不確定性產生的抗拒，針對危機意識高的掌權者與利益者，亦邀請他們參與各項決策，提高他們對組織變革的認同。

　　教育訓練：教導員工新觀念與新技術，可減低員工對於新工作方式不熟悉所產生的抗拒或負面想法，而能逐漸接受新的方法。特別是組織採取科技變革，如引進一套新的機器設備時，更須確保所有成員對操作機器的熟悉度。

　　循序漸進改變：如果管理者採取強烈激進式的變革，要求組織在短時間內大幅改變，員工容易因來不及適應而心生抗拒，因此，管理者宜採行緩慢漸進式的變革，將變革進程分為數個階段，每階段僅有一點點變化，即使員工抗拒也只會引發些許微詞，讓成員在無形中漸漸適應並接受組織的轉變。

　　誘之以利：針對表現良好、配合度高的員工提供物質與精神獎勵，以刺激成員配合公司變革。如管理者於公開場合表揚配合度高的成員，為其他員工樹立楷模。

　　施以高壓：針對冥頑不靈、抵死不從的抗拒者直接施以高壓，表達不服從者需接受懲戒，使之警惕。

消除抗拒變革的方法

實例 凱薩琳經營一家鐘錶店，全省共有北、中、南、東四個門市，組織依功能別劃分為採購部、會計部與行銷部，由於近來銷售狀況平平，於是凱薩琳審視組織現狀，想藉由調整組織結構來改善績效。

組織現狀觀察

凱薩琳觀察各據點的銷售狀況，發現各地消費者的偏好明顯不同：北部與中部門市，皆設在百貨商圈，顧客較偏好國外進口的高級鐘錶；南部和東部門市則位於當地觀光夜市，以國產錶最受歡迎。為了更符合消費者偏好，決定進行組織變革。

進行 →

結構變革

她決定調整組織結構，將行銷部再細分為高級鐘錶與平價鐘錶兩個團隊。

為了安撫員工抗拒變革的行為與心理，使變革更加順暢，凱薩琳採取了以下方法：

●員工參與及溝通

決策時讓員工參與其中，發表意見，可以提高決策品質並減少抗拒。

例 凱薩琳召集所有員工開會，她首先報告各門市的行銷分析結果，應調整組織結構以迎合消費者特殊需求及購買習慣，繼而提出結構變革之方案，會計部的員工覺得凱薩琳的提議非常合理，欣然接受，但採購部與行銷部員工則面有難色。

●教育訓練

透過教育訓練，協助員工學習新觀念、新技術，減低因不熟悉所產生的抗拒。

例 凱薩琳和行銷主管深入長談，發現行銷部員工不是不贊成組織變革，而是不了解分為兩個團隊後自己的定位為何，擔心無法保有原來的工作，因此凱薩琳向所有員工提出不裁員的保證，並聘請許多行銷專家教導員工銷售產品的技巧，降低員工心理不安。

●循序漸進改變

變革採緩慢漸進的方式，將變革進程分為數個階段，每階段較前一階段稍做變化，可降低變革的衝擊。

例 凱薩琳先在北部及南部試行此變革，北部陳列的商品改以國外高級品牌為主，南部門市則主打物美價廉的國產錶，三個月後，北部業績明顯高於中部，南部也遙遙領先東部，凱薩琳的決策因此獲得更多員工支持，加上三個月的推廣，成員逐漸適應，結構變革終於一體通用於所有門市。

●誘之以利

針對績效佳的員工提供物質與精神獎勵，以提高成員對變革的接受度。

例 為了鼓勵員工，凱薩琳召開慶功宴，公開表揚協助推動組織變革的員工，不僅頒發榮譽獎牌，更提供一筆優渥的獎金讚揚員工表現，期許其他成員以之為模範。

優良員工

●施以高壓

對不配合的組織成員直接採取懲處，以嚇阻阻力的出現。

例 當所有員工齊聚為組織變革的成功慶祝時，只有採購主管頻頻唱反調，原來結構變革使得採購主管的私人利益減少，因此始終持反對意見，凱薩琳向他表明，若不遵從組織規範，將祭出懲處，希望採購主管自律自重。

領導

「領導」容易讓人直接聯想到權力、地位與責任,比起管理者,領導者背負著更偉大的任務,他必須有高瞻遠矚的見解,為組織設定雄偉的願景,並且能夠激發建設性衝突、避免破壞性衝突,以達到最佳的組織績效。那麼,什麼樣的人適合當領導者?所謂「先天的領袖」又存不存在?本篇將介紹領導的特質論、行為論與情境理論,並說明各類領導風格與領導者複雜的內心世界,做為認識領導者的指引。

■ 何謂領導？領導者的權力來源有哪些？

■ 領導者是天生，還是後天養成？

■ 領導者的行為會影響其領導效能嗎？

■ 領導者應該關心員工還是關心生產？

■ 領導風格應該視情境而異嗎？

■ 如何改善領導效能？

■ 什麼是建設性衝突？什麼是破壞性衝突？

什麼是「領導」？

一個團體如果缺乏領導者，在群龍無首之下便無法朝組織目標前進。領導者負有帶領他人、影響他人、促進群體互動，並掌握決策大權等任務，對任何組織而言都是不可或缺的角色。

何謂領導？

組織是由一群具有共同目標的個人所組成，為了達成共同目標，這組人馬必須有人帶頭引領方向、統籌資源、指揮任務，以避免群龍無首。有效的領導可以凝聚成員的向心力，幫助個人達成以一己之力所無法完成的目標；無效的領導則使人心渙散，成員猶如一盤散沙。儘管領導效能是達成目標的關鍵，學者對於領導的內涵仍莫衷一是，有些人認為領導者都擁有某些相同的特質，因此從個人的先天特質為領導下定義，但更多人持不同看法，從領導者的行為、領導的情境、追隨者的知覺等角度來探討相關概念，然而，不論各學派看法為何，大多數都同意有效的領導包含兩個要素：一為率領一群擁有共同目標的追隨者，二為擁有影響與掌控追隨者的能力。

領導的權力基礎

領導者肩負著帶領組織前進的重責大任，為了使組織成員能夠心悅誠服地接受領導者的指揮，讓組織目標得以在領導者的統御之下達成，相對地，組織亦必須授予領導者穩固的權力做為基礎。一般而言，領導的權力來源包括法定權、獎賞權、強制權、專家權與參照權，前三者是由組織正式的規章制度所賦予，為正式的權力來源，後兩者則因個人具備某領域的專業知識，或引人追隨的特質而使他人自願服從其領導，為非正式的權力來源。

●**法定權**：是指組織依規章賦予領導職位的權力，例如企業總裁、學校校長、醫院院長……等，都因居於組織高層職位，而被組織賦予指揮部屬的權力。一個領導者可以利用法定權指派員工作業，但若領導者僅依賴法定權獲得部屬的

領導者＞管理者

領導者的主要功能，是為組織建立願景，並擬定達成願景的策略，而管理者則是策略的執行者，負責處理瑣碎的日常事物，既然領導者比管理者更高一層，其擁有的權力往往也較多，在組織的規範下，兩者雖因職位皆擁有法定權、獎賞權與強制權，但在職位之外，講求個人修行的專家權與參照權，則常為領導者所具備。

領導的五種權力來源

由組織正式的規章制度
所賦予的權力來源。

正式的權力來源

法定權

組織內部規定賦予領導
職位的權力。

例 部門主管有指派工
作、績效考核、聘用
新人等權力。

獎賞權

管理者在職權上擁有給
予屬下獎賞的能力，可
用以鼓勵好的表現。

例 主管可因認同屬下能
力而晉升其職位。

強制權

管理者在職權上擁有懲
罰屬下的能力，可懲處
不良表現，也可預防犯
錯。

例 主管規定上班遲到者
每分鐘罰100元。

伴隨領導者本人的能力或
特質而來的權力來源。

非正式的權力來源

專家權

個人擁有專業技能與
知識而產生使他人自
願服從的權力。

例 醫師指示病患依其
處方服藥、資訊工
程師指示公司上下
進行掃毒。

參照權

個人魅力吸引追隨者自願
服從。

例 偶像歌手代言公益團體
舉辦的飢餓三十活動，
歌迷也響應支持。

服從，不能讓員工打從心裡認同、誠心誠意追隨，此種上下關係將難以長遠發展。

●**獎賞權：**指的是管理者獎賞屬下的權力，可使績優部屬得到應有的回饋，亦為組織的正式規章所賦予管理者的正式權力來源。獎賞包含口頭獎勵，如讚美部屬的表現，以及實質獎勵如調升薪資、提供績效獎金等。

●**強制權：**相對於獎賞權，強制權是指組織規章中明訂主管具有懲罰部屬的權力，可使表現不佳的部屬得到懲處之外，也可使其他部屬引以為戒、避免犯錯。強制權包括口頭斥責以及實質懲罰，例如要求部屬繳納犯規罰金、降薪及革職。雖然懲戒部屬有殺雞儆猴的效果，但是領導者應秉持毋枉毋縱的態度，仔細調查員工發生錯誤的原因，施以適當的懲罰，才不會招來不滿，為自己留下負面印象。

●**專家權：**是指因個人在特定領域具有專業知識或技術而產生的權力，由於組織並未明文規定此權力，而是純粹來自於他人信服專家的專業而自願聽從其領導，故為非正式的權力來源，例如組織中具有電腦知識、技能的員工，同仁會向其請教電腦疑難並依其指示操作；又如病人願意聽從醫生的指示打針服藥；官司纏身的民眾求助於法律顧問等。雖然法定權足以賦予領導者管理下屬的權力，但若領導者能進一步以專業知識或技能令員工信服，發展專家權，能使員工更心悅誠服地追隨。

●**參照權：**是指因個人魅力所產生的權力，為非正式的權力來源，如宗教領袖具有慈悲、智慧的特殊人格特質，信徒以其為模範，自願加入其所領導的宗教團體；又如歌迷因喜愛偶像歌手，自願響應歌手代言的活動。擁有參照權的人大多具有強烈的人格特質，包括自信、正直、堅毅、專注等，以其獨特的個人特質成為眾人追隨的焦點。若領導者能發揮本身的領導魅力，發展參照權，將能採「以身作則」的方式管理員工，從自身樹立模範作為，引領員工主動追隨，而不需事事依賴法定權強制成員的行為。

領導者特質理論

「領導者特質理論」主要關注焦點在於優秀的領導者本身是否在人格、智力或人際關係方面具有和非領導者截然不同的特質，他們的研究成果對於組織在拔擢或是培育新領導者時具有一定的參考價值。

傑出領導者的特質

一位成功的領導者能發揮領導效能，帶領團隊有效率地朝組織目標前進；平庸領導者所帶領組織則如同一盤散沙、效能不佳；對此，於二十世紀中期，「領導者特質理論」對於優秀領導者所具備的特質進行研究、分析，希望更了解領導者的個人特質或屬性。例如，吉斯理教授於六〇年代曾針對美國九十個不同行業超過三百多位領導者所進行的調查中便發現，有效的領導者皆具備了整合能力、成就慾望、自信心、決策果斷、聰明睿智及自我實現能力等六種領導特質。整合能力可以幫助組織中眾多的資訊、人力、物力得到統整而不至雜亂無章；成就慾望則可驅策領導者向更高的成就邁進；自信心則能使部屬更相信領導者的目標及決策；決策果斷則有助於爭取決策時效；聰明睿智則可幫助領導者蒐集、整合與分析資訊，進而做出正確的決策；自我實現能力可讓領導者充分地發揮能力向個人目標前進。兼具六大領導特質的領導者，所表現出的領導效能會高於不具特質、或只具若干特質的領導者。除此之外，學者戴維斯也指出，成功的領導者應具備下列四種特質：高人的智力、善於交際、完成任務的使命感及善於處理難題的包容性。

領導能力的培養

「領導特質理論」說明了領導者之所以成功的道理，而其也主張領導能力並非天生具備，而是經由後天的學習與經驗取得，因此，有志於成為領導者的人、或是領導效能不佳者，皆可以成功領導特質為依歸，藉由學習、培養這些特質以提升領導能力。具體作為諸如透過

反對領導者特質論的看法

也有些學者對領導者特質論持反對意見，他們不認為領導者都擁有一套標準的特質，而且，這些特質也無法證明是身為領導者之前即具備，反而極可能因擔任領導者而磨練出來，究竟是擁有領導特質所以成為好的領導者，還是因為身為領導者而培訓出領導特質？至今學界仍無法提出明確的解答，但不可否認的是領導者特質論在了解領導者、以及領導者的選拔與培育上有具體貢獻。

閱讀成功領導者的傳記吸取他人成功的經驗、自我訓練以主管的角度思考事情、積極爭取領導團隊的機會等，可以在潛移默化中培養領導能力。

領導特質＝選賢與能的標準

　　領導特質理論解析了領導者本身對於領導功能執行、發揮的重要性，在實務上最大的貢獻則在於拔擢新領導者的面向。許多組織在挑選接班人時會結合領導者特質理論過去的研究與組織本身的經驗與需求，在眾多有潛力員工中選擇具備領導特質者。例如，有研究者歸納出奇異公司前任執行長威爾許挑選接班人的四大標準，首要條件就是具備前瞻性的眼光，第二是忠於自我，第三是聰慧靈敏、第四是具有韌性，這些優秀領導者所具備的特質可做為選賢與能的最佳標準。

領導者特質理論的內涵與貢獻

—— 領導者特質理論 ——

分析成功領導者共同具有的人格特質與屬性。

例 吉斯理教授提出了領導者具備六大領導特質。

⑥自我實現能力
領導者擁有個人目標，且具有實現目標的能力。

⑤聰明睿智
領導者具有充分的智能，可蒐集、整合與分析資訊，做出正確的決策，解決組織問題。

④決策果斷
領導者敢於下決策，毫不猶豫，可爭取決策時效。

成功領導者

①整合能力
可整合組織中眾多成員、資源與資訊，做適當的分析、判斷與決策。

②成就慾望
對成就的渴望可驅策領導者向更高的成就邁進。

③自信心
具有自信的領導者，其部屬會更信賴其目標及決策是正確的。

貢獻

做為培養領導能力的依據
人們能以成功領導特質為依歸，自我鍛鍊、自我提升，朝著成為成功領導者邁進。培養方法有吸取他人成功的經驗、多以組織的角度思考事務、爭取領導的機會以自我磨練等。

做為拔擢接班人的標準
成功領導特質可以做為現任領導者在眾多可能人選中拔擢接班人的判斷標準。

行為模式理論①：權威、民主與放任

一九四〇年代以前，人們相信領導者是天生注定，特質論當道，直至一九五〇年代初期，行為論逐漸抬頭，行為論學者指出領導效能並非由領導者的個人特質所決定，而是取決於領導者的行為表現。

領導行為決定領導效能

一九四三年，愛荷華大學由李溫教授帶隊分析領導者的行為，指出領導者的績效並非決定於領導者是怎樣的人，例如具備自信、決策果斷、高智力等個人特質，而是取決於領導者如何執行任務，亦即其行為表現。該研究結果依據領導者權力集中程度將領導行為分為由領導者全權決定的「權威型」、部屬可參與的「民主型」及部屬自行決定的「放任型」三種型態，並分別研究其領導績效。

領導型態①：權威型領導

權威型領導又稱「獨裁領導」，舉凡工作目標、執行方針與執行方式皆由領導者獨斷決定，部屬僅聽命行事。在此領導風格之下，組織有明顯的層級之分，溝通管道為上對下的單向溝通，皆為工作相關的指令；下對上的溝通則只限於工作進度的報告，純粹為領導者監督之用。

權威型的領導者集大權於一身，其權力的主要來源是職位所賦予的法定權，決策方式屬一人決策，因此常被質疑過於武斷，有欠客觀考量而難保決策品質；此外，因缺乏良好的溝通管道，權威型領導容易造成上下嚴重隔閡，難以獲得部屬對目標的認同，成員的工作滿意度較低。權威型領導的優點則是決策速度快，短期內工作效率較高。

領導型態②：民主型領導

民主型領導採用參與管理的方式，歡迎成員發表意見，也對成員的意見表示尊重，一切決策皆由領導者與部屬共同討論決定，由部屬扮演執行者，領導者從旁協助。民主型領導的溝通管道包括上下層級順暢的垂直交流，以及部門間直接的水平溝通，並有客觀的績效考核標準，形成良性的內部競爭。

民主型領導給予員工參與決策的機會，讓員工有發揮才能的空間，領導者也可藉此培育與訓練部屬，兩者緊密合作。民主型的領導者除了擁有法定權外，通常也具備專家權與參照權，員工聽從領導者的指導不只是因為尊重其職位，更因為折服於領導者專業上過人的能力，以及獨特的親民魅力。雖然民主型領導給予部屬發表意見的機會，使得決策過程較為冗

長，但其員工的工作滿足感較高、組織目標易獲認同、且有利人才培訓，仍是三種領導型態中最理想的領導方式。

領導型態③：放任型領導

放任型領導與權威型領導全然相反，工作目標、進行方式皆由部屬自行決定，領導者不參與討論亦不主動指導，是一種無為而治的管理方式。部屬擁有各項事物的決策權，主管則扮演被動的角色，對部屬表現不做優劣評斷，功過亦無獎懲。

放任型領導上下層級作業獨立、鮮少溝通，久而久之，領導者的角色容易失焦而降低存在的價值。部屬也因為掌握決策權，易養成本位主義，各自為政，且功過不予獎懲，缺乏內部競爭，最終易導致員工生產力下降、工作表現和滿足感皆差。

權威、民主與放任型領導

項目	權威型領導	放任型領導	民主型領導
做法	主管擁有絕對的權力，部屬僅為決策執行者。	部屬擁有決策權，主管成為被動角色。	主管尊重部屬，並給予適當職權。
決策方式	主管進行一人決策，員工沒有言論空間。	部屬可主導決策，主管無為而治。	主管與部屬共同討論對策，集思廣益。
溝通方式	上對下傳達指令；下對上僅止於進度報告。	任何工作都由部屬自行處理，甚少溝通。	頻繁與主管及同事溝通。
責任承擔	主管獨自承擔成敗。	部屬承擔成敗，出錯時唯部屬是問。	主管與部屬共同承擔成敗。
工作效率	決策過程較短，工作效率較高，但決策品質不一。	員工自行決策，缺乏引導，工作效率最低。	決策過程較為冗長，工作效率較低。
工作滿足感	部屬對目標的認同不足，工作滿足感較低。	主管對員工的工作成果漠不關心，員工工作滿足感低。	上下充分合作，部屬參與度高，工作滿足感最高。

行為模式理論②：「生產導向vs. 員工導向」和「關懷vs.定規」

愛荷華大學提出領導效能決定於領導者的行為，開啟了領導行為論的研究，但是僅以權力分配區分領導類型，這樣單構面的研究仍不夠客觀，密西根大學與俄亥俄州立大學於是相繼做了相對而言更完整、客觀的雙構面領導行為研究，試圖找出能提高領導效能的領導模式。

密西根大學領導行為模式

一九四〇年代晚期，密西根大學由李克特教授所帶領的研究團隊提出了「密西根大學領導行為模式」，透過訪談無數位管理者與其屬下，發現領導行為可以依據管理者所重視的面向分為生產導向與員工導向。

●**生產導向**：生產導向的領導者較關心與工作相關的事物，如生產效率、生產成本與時程等，他們大多一板一眼，行事皆依據組織章程，視成員為達成任務的工具，並透過嚴密的監督確保工作可順利完成。

●**員工導向**：相對地，員工導向的領導者較關心與員工相關的事物，如成員的工作滿足感、團體凝聚力等，他們會主動關心屬下的需求，強調與部屬建立良好的人際關係，希望營造出快樂、和諧的工作環境，同時給予部屬較寬廣的裁量權，重視員工的問題且適時提供協助。

密西根大學的研究結果顯示，

「員工導向」的領導型式有較高的團隊生產力，且員工的工作滿足感也較高；而「生產導向」的領導型式則與低團隊生產力、低工作滿足感相關，顯示「重視員工需求」是較理想的領導方式。

俄亥俄州立大學領導模型

一九四五年，俄亥俄州立大學亦展開了領導行為的研究，透過探討上百種領導行為特點，最後提出「關懷」與「定規」兩個區分領導行為的構面：

●**關懷**：是指主管對於部屬本身的關切程度。具有「關懷」傾向的主管關心員工的心理感受、在意屬下的工作滿足感、尊重員工的想法，希望建立友善且具支持性的組織氣氛，與部屬相互信賴。關懷特性高的領導者會對員工的優異表現表示感激，也會依據員工的能力指派任務，不過分要求部屬執行能力以外的事。

●**定規**：是指主管對於部屬的角色、工作內容或工作方法定下規

章程度。具有「定規」傾向的主管關心的是「如何使任務順利完成」，重視工作分派，以有系統的方式組織任務，並建立一套績效標準衡量員工的工作表現，要求部屬遵從一致的作業程序。

俄亥俄州立大學的研究發現，領導行為可依據關懷與定規這兩個構面分為「低關懷、低定規」、「高關懷、低定規」、「低關懷、高定規」與「高關懷、高定規」等四種類型。「低關懷、低定規」的領導者不關愛下屬，與員工的關係並不融洽，也不重視規章制度，工作無序，效率低下，常為效能最差的領導者；「高關懷、低定規」的領導者關懷下屬，與下屬感情融洽，但是組織內規章制度不嚴，工作秩序不佳，屬於較和善可親的領導者；「低關懷、高定規」的領導

密西根大學領導行為模式：生產導向vs. 員工導向

生產導向

管理者較關心與工作相關的事物，例如「我要如何順利完成工作？」等問題。

- **關注事項**：在意生產進度、工作效率與組織規章。
- **員工定位**：將員工視為完成任務的工具。

結果 ⬇

團隊生產力較低
工作滿足感較低

員工導向

管理者較關心與員工相關的事物，例如「我要如何對員工表達關心？」等問題。

- **關注事項**：鼓勵上下溝通，在意員工的意見與其工作滿足感。
- **員工定位**：將員工視為完成任務不可或缺的人。

結果 ⬇

團隊生產力較高
工作滿足感較高

者則會嚴格執行規章制度，以工作秩序為重，但並不關心下屬的心理層面，關係亦不融洽，屬於較為嚴厲的領導者；「高關懷、高定規」的領導者則面面俱到，不僅嚴格執行規章制度，使作業井然有序、責任分明，同時關愛下屬，營造和睦的工作氣氛，是四種領導行為中領導績效最高，且員工滿意度最高的領導類型。

俄亥俄州立大學領導模型：關懷vs.定規

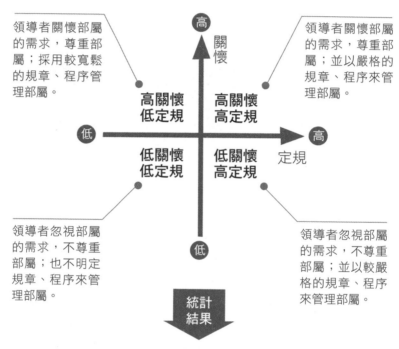

領導者關懷部屬的需求，尊重部屬；採用較寬鬆的規章、程序管理部屬。

領導者關懷部屬的需求，尊重部屬；並以嚴格的規章、程序來管理部屬。

高

關懷

高關懷
低定規

高關懷
高定規

低

高

定規

低關懷
低定規

低關懷
高定規

低

領導者忽視部屬的需求，不尊重部屬；也不明定規章、程序來管理部屬。

領導者忽視部屬的需求，不尊重部屬；並以較嚴格的規章、程序來管理部屬。

統計
結果

高關懷、高定規的領導者較
其他三類有較高的群體績效
和員工滿意度。

行為模式理論③：管理方格理論

根據俄亥俄州立大學的研究，指出領導行為包括關懷與定規兩大構面，而一個理想的領導者應同時具有高關懷與高定規的特質，此概念在德州大學所發展的管理方格理論中也得到了進一步的印證。

管理方格理論

沿襲俄亥俄州立大學將領導分為對下屬的關心與對任務的重視兩大構面，德州大學於一九六四年由布雷客與莫頓兩位學者一同發展出「管理方格理論」，他們將這兩大構面再行細分，使兩大構面交織出程度強弱的多種結果，形成更為明確、具體的領導風格。

「管理方格理論」以「關心生產」為橫軸，「關心員工」為縱軸，各分為九個等級，繪出一個「9×9」的管理方格，共可得八十一種領導型態，再針對這八十一種型態中最極端的左下角、左上角、右下角、右上角及居中的方格發展出「放任管理」、「鄉村俱樂部管理」、「任務管理」、「團隊管理」、「中庸之道管理」等五種主要的領導風格。位居這幾種極端值之間的領導者，可視自己距何者較為接近，來歸類自己的風格。

●**放任管理**：是指座落於管理方格（1,1）的位置。管理方格理論主張，採取放任管理的領導者對員工與生產皆表現低度關心，此型的領導者希望以最少的努力保有工作，盡量避免麻煩與承擔責任，對部屬的心理狀態亦漠不關心，不論對公司或是員工而言，都是最不想遇到的管理者。在士氣低落、工作規範不足的情況下，員工的工作績效亦最差。

●**鄉村俱樂部管理**：是指座落於管理方格（1,9）的位置。有別於放任管理，採取鄉村俱樂部管理的領導者則是非常關心員工的問題，鼓勵員工暢談意見，對工作相關議題則較不關心，此型領導者相信員工在愉快舒適的氣氛下會有優異的工作表現，以營造和諧的組織氣候為目標。績效方面而言，雖然員工士氣高昂，但對於工作的指揮監督不足，員工的工作績效仍屬有限。

●**任務管理**：是指座落於管理方格（9,1）的位置。任務管理在「關心員工」的座標上與鄉村俱樂部管理恰好相反，採取任務管理的領導者高度關心生產，較不關心員工的問題，此型的領導者投入所有的時間在工作上，也希望員工和自己一樣熱愛工作，容易忽略部屬有親情、友情的其他需求。任務導向的領導者會運用公司規章或其職位權力強制要求成員達成組織目標，

採取高壓的管理方式。而員工在領導者的嚴格指揮之下只是奉命行事，工作士氣不佳，工作績效亦屬有限。

●**中庸之道管理**：座落於管理方格（5,5）的位置。採取中庸之道管理的領導者對員工與生產皆表示中度關心，此型的領導者追求工作與生活的平衡，他們不要求員工有出人意表的工作績效，凡事只要及格就好，也鼓勵員工表達心聲，但並不熱衷於解決員工的問題，只要能抒解員工的心理壓力，沒有強烈的工作不滿即可。這樣的管理風格會造成平庸的績效。

●**團隊管理**：座落於管理方格（9,9）的位置，在「關心生產」及「關心員工」的座標上皆與放任管理完全相反。採取團隊管理的領導者高度關心生產，也高度關懷員工，他們重視員工的意見，同時樂於分享自己的工作心得，使員工感覺自己在組織任務的完成上扮演重要角色，因此有高度的成就感與滿足感；團隊型領導者也相當重視群體績效，他們鼓勵員工不斷突破自己，挑戰極限，創造傲人的工作表現，因此團隊管理被視為是最有效率的管理方式。這也意味屬於其他位置的管理者，可以團隊管理為目標，針對自己於關心員工或關心生產構面的不足予以強化，使領導風格更趨近於團隊管理，以獲得更好的工作績效。

管理方格理論的五種領導風格

鄉村俱樂部管理

領導者追求與部屬建立良好的關係，較不關心任務本身。

績效 工作氣氛融洽，但由於對工作的關心程度不足，工作績效有限。

中庸之道管理

領導者的精力平均分散於工作與員工身上，追求均衡穩定的發展。

績效 工作績效平庸。

團隊管理

領導者既關心生產也關懷員工，追求績效之餘也會鼓勵部屬、提振士氣。

績效 兩者結合之下，員工的績效最高。

關心員工的程度

9	(1,9)								(9,9)
8									
7									
6									
5					(5,5)				
4									
3									
2									
1	(1,1)								(9,1)
	1	2	3	4	5	6	7	8	9

關心生產的程度

放任管理

領導者只想以最少的努力完成工作，認為多一事不如少一事。

績效 員工士氣與目標的達成率皆低，屬於最差的領導方式。

任務管理

領導者專注於任務的達成，不在意員工的感受或心情，只想操控部屬執行任務。

績效 下屬沒有高昂的士氣，只是奉命行事，工作績效有限。

情境領導理論①：費德勒情境模式

行為理論由領導者的行為模式、領導型態切入，認為較佳的領導方式包括了「高關懷、高定規」與團隊領導等；情境領導理論則是將領導者風格、被領導者的狀況與所處的情境三種層面同時納入考量，使管理學對於如何達到有效領導的理解更臻完善。

什麼是費德勒情境模式？

俄亥俄大學、領導方格理論等行為學派的學者將關心生產及關懷員工兩大構面的結合，有助於釐清管理者個人領導風格對於員工績效的重大影響，然而，只聚焦於領導者之上，卻忽略了組織所存在的環境，使得行為學派的論點過於理想化，難以應用於實務界，繼起的「領導的情境理論」則進一步補其不足。學者費德勒於一九五一年將領導者所處的各種情境因素帶入，提出「費德勒情境模式」，可說是情境領導理論的起源。

費德勒延續了行為學派有關「領導風格」的觀點，把管理者的領導風格區分為「任務導向」與「關係導向」兩種類型，主張不同組織因所處的情境不同，適用的領導風格也應有所不同。而組織的情境因素包括「領導者與部屬間的關係」、「任務結構」與「職位權力」三項，每一項因素又可依程度分為高、低兩種情形，故總共形成八種（2種×2種×2種＝8種）領導情境。費德勒認為，領導效能的高低正是取決於管理者所採用的領導風格是否能與所處情境搭配良好。

領導風格

在領導風格的判斷上，費德勒透過其所發展的LPC（the least-preferred coworker）量表，以「最不受人喜愛的同事」為主題，幫助管理者判斷自己的領導風格是屬於「任務導向」或是「關係導向」。此問卷共有十六個問題，設計有十六組相對的形容詞，如冷漠／熱情、友善／不友善、熱心／不熱心……等，每一題分為八個評分等級。受測者被要求以組織內最不喜歡的共事者為思考對象，填答這十六個問題。分數愈高時，表示受測者即便面對最不喜歡的共事者，仍給予較多正面的評價，領導風格為關係導向。此類型的領導者會多方面地觀察別人，願意給他人機會，也喜歡結交朋友，在領導員工時會主動與員工溝通、互動，希望透過良好的人際關係完成任務，而非藉由獎懲來規範員工。

LPC量表的分數愈低，則表示受測者採較多負面的形容詞來描述最不喜歡的同事，領導風格屬任務導向。此類型的領導者會將精神專注於所執行的事務上，在指揮、領導下屬時較關心與任務相關的事

LPC量表

LPC量表

令人愉快的 pleasant	8 7 6 5 4 3 2 1	令人不愉快的 unpleasant
友善的 friendly	8 7 6 5 4 3 2 1	不友善的 unfriendly
拒人千里的 rejecting	1 2 3 4 5 6 7 8	平易近人的 accepting
助人的 helpful	8 7 6 5 4 3 2 1	無用的 frustrating
不熱心的 unenthusiastic	1 2 3 4 5 6 7 8	熱心的 enthusiastic
緊張的 tense	1 2 3 4 5 6 7 8	輕鬆的 relaxed
疏遠的 distant	1 2 3 4 5 6 7 8	親近的 close
冷漠的 cold	1 2 3 4 5 6 7 8	熱情的 warm
合作的 cooperative	8 7 6 5 4 3 2 1	不合作的 uncooperative
支持的 supportive	8 7 6 5 4 3 2 1	敵對的 hostile
無聊的 boring	1 2 3 4 5 6 7 8	有趣的 interesting
好鬥的 quarrelsome	1 2 3 4 5 6 7 8	和諧的 harmonious
自信的 self-assured	8 7 6 5 4 3 2 1	猶豫的 hesitant
有效率的 efficient	8 7 6 5 4 3 2 1	無效率的 inefficient
憂鬱的 gloomy	1 2 3 4 5 6 7 8	開朗的 cheerful
開放的 open	1 2 3 4 5 6 7 8	保守的 guarded

Step1 填寫問卷

請你回想一個工作績效最差的人，此人可能是現在和您一起工作的人，也可能是過去工作中認識的人。請依你的看法，描述此人給你的印象，並依程度高低選擇認為最符合的區間。

Step2 計算總分

填完問卷後將所勾選區間的分數加總計算出總分。

Step3 判斷領導風格

總分高者（64分及以上）屬於「關係導向」。

即使面對最不喜歡共事的同事，也將之歸於擁有好的人格特質，不會讓工作情緒影響對於他人的判斷。

總分低者（57分及以下）屬於「任務導向」。

把最不喜歡共事的同事描述成一個非常消極的人，顯示其對於阻礙任務完成者的排斥，表示其對於任務的重視。

物，會盡一切努力完成任務，對員工的獎懲也格外分明，常因此得罪他人而不自知。

情境因素

　　不同於行為理論的觀點，費德勒並不認為組織績效僅決定於領導者「關係導向」或「任務導向」的領導風格，尚須配合領導者所處的「組織情境」，才能確認績效的優劣高低。基於每個組織有不同的成立宗旨、不同的組織文化，且人員特質、任務型態、領導者所擁有的獎懲權限也有所差異，因此各個組織情境無疑相去甚遠。費德勒將這些會影響組織情境的情境因素歸納為「領導者與部屬間的關係」、「任務結構」及「職位權力」三者。

　　●**領導者與部屬間的關係**：良好的領導者與部屬關係是指領導者能博得人心、所下的指令能得到部屬的支持與信任、部屬對領導者有高忠誠度的情況。相對地，不良的關係是指領導者不受部屬愛戴、指令無法得到部屬的支持、部屬對領導者的忠誠度低的情況。

　　●**任務結構**：是指組織成員對需執行的任務、執掌內容是否清晰明確以及工作的重複程度，在明確度高的任務結構之下，部屬的任務內涵亦非常清晰具體，較不會產生不明白或模糊狀態，執行起來也比較清楚明確；相對地，任務結構的明確度低時，部屬的任務內容較為模糊、多變，需要領導者花費更多心力指引才能完成任務。

　　●**職位權力**：是指整個組織賦予領導者的權力大小及權力內涵，如領導者是否對部屬具有獎酬、懲戒、甄選、聘用、解雇、升遷與調薪等權力。職位權力強的領導者，可對部屬施以正式、具體的獎懲，影響力較為直接；職位權力弱的領導者則對部屬的獎懲施不上力，影響力較弱。

領導方式應符合情境需求

　　考量領導者與部屬間的關係、任務結構及職位權力等三個情境因素的強弱程度，可得到八種領導情境，費德勒又進一步細分為最有利情境、中等有利情境與最不利情境，主張三種情境應分別搭配適合的領導風格才能得到高領導成效，分述如下：

　　●**最有利情境下，任務導向的領導風格最佳**：最有利的情境下，領導者和成員的關係良好，擁有屬下的高度支持，任務結構被清楚定義，也掌握高度的職權，可對成員的績效施以賞罰，此時採用重視任務內容、講求獎懲分明的任務導向領導風格最為合適。另外「領導者與部屬關係良好、任務結構明確度高，但職位權力弱」和「領導者與部屬關係良好、任務結構明確度低，但職位權力強」的兩種相對有

利狀況雖不是極端有利，但透過部屬對領導者的高度支持與信任，搭配重視工作目標的任務導向領導風格，領導者仍可有效地傳達指令予部屬，展現一定的影響力，因此依舊得以維持較佳的績效。

費德勒情境模式

Step1 找出領導者的領導風格

領導者填寫LPC問卷，以得分判別領導風格為關係導向或是任務導向。

●LPC分數低→任務導向
領導者較關心與任務相關的事物，希望藉由明確、標準化的流程完成任務。

●LPC分數高→關係導向
領導者會主動與員工溝通、互動，希望透過良好的人際關係完成任務。

Step2 分辨環境因素

視組織現實環境，釐清三個情境因素的高低程度，找出對應的情境為何。

領導者與部屬間的關係
表示領導者與部屬之間相處的情況，可以反映出領導者是否擁有成員的支持、信任與忠誠度。

任務結構
工作職掌是否清晰明確，任務是否明白易懂，以及工作例行、重複的程度。

職位權力
組織賦予領導者多大的職權，包括獎酬、懲戒、甄選、聘用、解雇、升遷與調薪等權力。

 良好　惡劣　 高　低　 強　弱

Step3 判斷所屬的情境

三個情境因素交錯之下，產生八種可能的情境。

	情境 1	情境 2	情境 3	情境 4	情境 5	情境 6	情境 7	情境 8
領導者和成員關係	良好	良好	良好	良好	惡劣	惡劣	惡劣	惡劣
任務結構	高	高	低	低	高	高	低	低
職位權力	強	弱	強	弱	強	弱	強	弱

●**中等有利的情境下，關係導向的領導風格最佳：**八種情境因素中有三種情境屬於中等有利，一為「領導者與部屬關係良好、任務結構明確度低、職位權力弱」，此時領導者和部屬雖然彼此信賴，但是工作任務定義不清，手中也未握有實權，領導者應善用與成員的良好關係促進任務完成，以「關係導向」的領導風格最佳。而另兩種「領導者與部屬關係不佳、任務結構明確度高、職位權力強」與「領導者與部屬關係不佳、任務結構明確度高、職位權力弱」情境都屬於領導者和部屬關係緊繃的狀態，應搭配「關係導向」的領導風格，提高彼此的互信度，以利工作推展。

●**最不利的情境下，任務導向的領導風格最佳：**在「領導者與部屬關係不佳、任務結構明確度低、職位權力弱」的最不利情境下，領導者和部屬的關係緊張、氣氛不融洽，工作結構不明確經常使員工無所適從，領導者的獎懲權力也小，無法以講求人性的關係導向領導方式帶動員工，因此最適合的領導方式為高壓式的任務導向領導風格。而在「領導者與部屬關係不佳、任務結構明確度低、職位權力強」的組織中，採用任務導向的風格分派任務，能使員工在獎懲分明之下更願配合指揮，進而獲得好的工作績效。

領導效能不佳怎麼辦？

當組織所處情境與管理者的領導風格並非最適搭配，例如在最不利的情境下，以任務導向的領導風格為宜，但實際上卻採用關係導向的領導風格；或是在中等有利的情境下，以關係導向的領導風格為宜，實際上卻採用任務導向的領導風格時，組織和領導者應如何因應改善呢？費德勒認為方法有二：一為改變情境以配合領導者。例如將適用於任務導向領導風格的最不利情境—「領導者與部屬關係不佳、任務結構明確度低、職位權力弱」三因素中的「任務結構」因素加以強化，使成員的工作內容與執掌更加明確，同時加強「職位權力」因素，賦予領導者更高的職權，使其可以對員工績效施以獎懲，如此一來，情境便轉換為「領導者與部屬關係不佳、任務結構明確度高、職位權力強」的中等有利情境，而與領導者本有的關係導向領導風格搭配得宜。另一個方法則為更換組織的領導者。由於費德勒認為每個人的領導風格與自身性格特質息息相關，無法在短時間內改變，因此直接更換一個領導風格適合組織情境的新領導者，可說是改善領導效能最快的方式。

Step4 判別該環境適用適合的領導風格

情境1、2、3的較有利情境與7、8的較不利情境，適用任務導向領導風格；情境4、5、6等中等有利情境，適用關係導向領導風格。

情境 1
領導者和部屬關係良好、氣氛融洽和諧，任務結構清楚明確，也掌握高度獎懲權。

情境 2
領導者和部屬關係良好互信、任務結構清楚明確，但獎懲權不足。

情境3
領導者和部屬關係良好互信、任務結構不夠清晰，但掌握高度獎懲權。

情境 4
領導者和部屬關係和諧、但任務結構不清，也未握有高度的獎懲權。

情境 5
領導者和部屬關係緊繃、任務結構清楚明確，也握有高度獎懲權。

情境 6
領導者和部屬關係緊繃、任務結構清晰明確，但未握有足夠獎懲權。

情境 8
領導者和部屬關係緊繃、任務結構不清，但握有高度獎懲權。

情境 9
領導者和部屬關係緊繃、任務結構清晰明確，且獎懲權力不足。

 有利情境
 適用

 中等有利情境
 適用

 不利情境
 適用

任務導向
領導者較關心與任務相關的事物，會盡一切努力完成任務，也對員工的獎懲格外分明。

關係導向
領導者喜歡與部屬溝通、透過良好引導、互動達成績效。

任務導向
領導者嚴格責求員工達成任務，仍維持好的績效。

Step5 改善領導績效

當情境與領導風格沒有相互搭配，領導效能不佳時，組織可透過改變情境或更換領導者兩種作法加以改善。

例 當組織處於情境4，應搭配關係導向領導者較為適宜，現任領導者卻是屬於任務導向時，組織可以有兩種作法。

作法1：改變情境
組織可以藉由強化「職位權力」構面，使情境4得以調整為情境3，即能使現任領導者更為適任，可增進績效。

作法2：更換領導者
將任務導向領導者調往他職，以一位適合情境4的關係導向領導者取而代之。

情境領導理論②：路徑─目標領導理論

有別於費德勒情境模式認為良好的領導效能來自於組織情境與領導風格搭配得宜，另一個知名的情境領導理論「路徑─目標領導理論」則由員工的個人特質與任務的結構特性等面向切入，主張領導效能端視領導者能否在不同的工作情境下，採用不同的領導風格，以明確指示部屬實現工作目標應依循的路徑，協助排除障礙，進而完成任務，提升員工的工作滿足感。

重視工作情境的路徑─目標理論

「路徑─目標理論」是由多倫多大學的組織行為學教授羅伯特・豪斯於一九七一年所提出。豪斯認為，員工的工作績效與滿足感有正向關聯，而高工作滿足來自於領導風格與員工工作情境的搭配得宜，當領導者的領導風格有足夠彈性，能依據員工的個別特質及每項工作的任務結構所交織形成的工作情境而改變時，便可為個別員工指引出一條明確、清晰的路徑，使員工能清楚掌握工作重點，獲取滿足感，並提升工作績效。

影響領導風格的兩大情境因素

由此可知，路徑─目標理論認為管理者的領導風格並非一成不變，而是可以配合不同的工作情境調整。員工基於過去的工作經驗、人格特質的不同；再加上從事的任務如工作複雜度、任務結構有異，都會產生不同的執行障礙與工作問題。對此，豪斯指出，員工本身特質與其所從事的任務特性兩大情境因素會交織為四種工作情境，應分別搭配不同的領導風格，豪斯從中歸納出指導型、成就導向、支持型、參與型等四種主要的領導風格。當領導風格與部屬特質、任務特性相符合，可使領導效能提升。

因應不同情境的四種領導風格

①**指導型領導**：當員工本身缺乏執行任務的經驗與能力，且工作處於定義較不清晰、沒有標準作業守則可供遵循時，最適合「指導型領導」，意即管理者明確教導員工應該執行哪些任務，以及如何執行任務，使員工了解上級的期許為何。如此可以幫助員工排除工作障礙，提高工作滿足感，績效也會提升。

②**成就導向型領導**：當員工具有樂於學習的特質，而工作內容的例行性高、缺乏挑戰時，應採用「成就導向型領導」，意即管理者為部屬重新設計工作內容，使任務豐富化，以滿足員工的成就需求，提高工作滿足感。

③**參與型領導**：當員工有熱中參與決策的特質，而工作內容的任務複雜度高，最適合「參與型領導」，意即領導者會徵詢員工的意

見，重視員工的想法，做為決策的基礎，可使員工在參與過程中提高工作滿足感。

④**支持型領導：**當員工缺乏完成工作的自信、任務內容定義明確時，應搭配「支持型領導」，意即管理者會主動為部屬加油打氣，關懷其需求並表達善意。

路徑—目標領導理論

達成工作目標的路徑

| 每個員工皆面對不同的工作情境，有各自的障礙與困難 | ➡ | 了解兩大情境因素以釐清員工所屬的工作情境 | ➡ | 領導者依據工作情境提供適合的領導方式指點員工 | ➡ | 員工工作滿足感增加、績效也提升 |

路徑—目標領導理論
視員工的工作情境給予適合的領導方式。

影響工作情境的兩大情境因素

1 部屬個人特質的差異
●員工過去的經驗
●人格特質

2 環境因素的差異
●任務結構是否清晰明確
●工作複雜度高低

情境1
●環境因素：工作任務較為模糊、定義不清
●個人特性：員工缺乏經驗

指導型領導
領導者會明確教導員工應該執行哪些任務，以及如何執行任務，並告知上級的期許。

情境2
●環境因素：工作缺乏挑戰
●個人特性：員工樂於學習

成就導向型領導
領導者為部屬重新設計工作內容，使任務豐富化。

情境3
●環境因素：組織任務複雜度高
●個人特性：員工希望參與決策過程

參與型領導
諮詢員工的想法並認真思考其意見。

情境4
●環境因素：工作定義明確
●個人特性：員工缺乏自信

支持型領導
領導者會主動為部屬加油打氣，關懷其需求並表達善意。

提升工作滿足感 ➡ 提升工作績效

吸引員工的領導方式：交易型領導、轉型領導與魅力型領導

除了領導者的特質、領導行為及組織所處的情境會影響領導效能外，有些學者提出了其他看法，認為以利益引導員工的「交易型領導」、塑造共同願景的「轉型領導」，以及強調領導者個人魅力的「魅力型領導」皆能達到領導績效，其中，以願景型領導與魅力型領導因深入人心較能維持長久，而交易型領導建立在以物易物的互利基礎上，效果則較為短暫。

交易型領導

交易型領導又稱為「互易領導」，由學者賀蘭德於一九七八年提出。賀蘭德主張領導好比以物易物的交換模式，領導者藉由行使獎賞權與強制權，提供部屬執行任務的誘因，以交換領導者想要的事物，如高工作績效，因此交易型領導其實是領導者與被領導者相互滿足彼此需求的過程，是一種較為功利導向的領導模式，發展出來的上下關係也較為短暫，為具有目的性的非持久關係。

在領導的基本原則中，交易型領導是建立在價值交換的基礎，因此訂定且確實執行獎懲就顯得格外重要。交易型領導者會讓員工清楚了解，想要得到豐厚的報酬就必須有傑出的工作表現，而且，如果連最基本的工作都無法完成，可能會遭受懲戒。雖然交易型領導亦可達成績效，但在某些情況下卻不能適用，例如宗教團體及公益團體，因宗教領袖與信徒、公益發起人與

響應者之間不一定存在利益交換的關係，也未必能施行獎懲，此時若想建立長久、堅定的領導與追隨關係，這就必須藉由「轉型領導」才能達成。

轉型領導

轉型領導的概念是由學者丹頓於一九七三年首度提出，他認為領導者對員工的影響應著重於心理層面，而非僅止於利益交換。一個成功的領導者應藉由提出崇高的經營理念與價值觀，如正義、公平、人道主義等，吸引組織成員的認同，使成員對領導者產生信任、忠誠與尊敬的感覺，從而檢討自己，改變原有的價值觀與信念，轉而認同領導者的經營理念，故轉型領導的「轉型」，是指成員揚棄過去小我的目標，轉而投入大我的組織目標。轉型領導鼓勵員工不斷超越自我期許、追求組織目標，使得領導者與成員能在彼此關懷、支持之下，全心投入組織任務。

交易型領導vs.轉型領導vs.魅力型領導

領導類型	交易型領導	轉型領導	魅力型領導
定義	領導者提供員工欲獲得的獎賞，換取自己想要達成的績效水準。	領導者鼓勵員工追求卓越，主動達成超乎預期的績效表現。	領導者自身的特質吸引員工自發性地模仿其行為、追隨其指示，達到績效。
目標	領導者與員工各自追求個人目標。	領導者與員工皆以追求組織目標為主。	領導者與員工皆以追求組織目標為主。
馬斯洛需求層級	追求低層次的需求。	追求高層次的需求。	追求較高層次的需求。
權力基礎	「獎賞權」及「強制權」為領導者主要的權力基礎。	「專家權」及「參照權」為領導者主要的權力基礎。	以「參照權」為主要基礎。
個人魅力	領導者未必擁有個人魅力。	領導者擁有魅力特質，獲得部屬的尊重與追隨。	領導者富有魅力，吸引員工追隨與崇拜。
願景重視度	不強調願景的建構與陳述，而是利用誘因吸引部屬完成任務。	領導者必須塑造能激發員工熱情與動力的共同願景，且能清楚表達理念，吸引部屬實現。	領導者以身作則帶領部屬達成願景。

轉型領導的領導者行為特色

實行轉型領導的領導人,為了成功地向員工傳遞組織理念,獲取認同,進而以組織目標為重,在領導時必須兼顧五種特色:

●**塑造共同願景**:領導者對組織發展有前瞻性的遠見,能為組織擘劃未來的發展藍圖,並與員工分享溝通,將願景傳遞給組織的每個成員,使員工能完全了解,進而發自內心地認同,產生積極工作的動機。

●**個人魅力**:領導者具有親和力、自信自重、處事圓融等引人注目、令人信服的行為特質,成為員工崇拜、學習的對象,進而心悅誠服地追隨其理念與領導,甚至主動仿效領導者的行為。

●**鼓舞激勵**:領導者提供員工一展長才的機會,刺激部屬發揮個人潛能,勉勵成員見賢思齊、精益求精,營造充滿學習氣氛的工作環境,並激發部屬追求更高層次的工作成就,達成超乎預期的績效表現。

●**智力啟發**:領導者鼓勵成員跳脫原本的思考模式,以創新思維提出不同於以往的做法,即使員工創新的想法違背了領導者的見解,也不會受到批評或質疑;領導者本身也藉由不斷進修,吸收新知,與部屬彼此學習。

●**個別關懷**:領導者要能體恤屬下的辛勞,主動聆聽成員的心聲與處理事務的困難,積極關懷員工的需求與福利,並給予員工個別的關注及協助。

魅力型領導

構成轉型領導的其中一個要素,就是領導者的個人魅力,後代學者將之延伸為「魅力型領導」,其概念與轉型領導極為相似,但更著重於領導者本身的行為特質,如領導者具有充滿自信、活力四射、追求願景、信仰堅定、能影響力他人……等具有個人魅力的個性或行為表現,可以得到下屬的景仰,而主動追隨其所追求的願景,領導者則以身作則地示範,帶領部屬達成願景。

領導類型	交易型領導	轉型領導	魅力型領導
績效達成度	可達成績效。	達成更高績效。	達成較高績效。
員工對組織的忠誠度	員工容易受其他公司更佳的條件所吸引而求去，對組織缺乏忠誠度。	領導者鼓勵員工追求卓越，主動達成超乎預期的績效表現。	員工的忠誠度在於追隨的領導者本身，領導者的去留，也會左右員工的動向。
實例（以建設公司老闆為例）	A公司老闆向工頭保證，若能如期完工，則加發一個月的年終獎金以資鼓勵。	B公司老闆認為建設公司的使命，就是為顧客建造美好的家園，他也常鼓勵員工學習新的建築工法，不僅施工更安全，也更有效率。	C公司老闆作風海派重義氣，員工有難時必挺身而出，工人們稱他為大哥，對他言聽計從。

衝突管理

同業競爭、同仁意見不合在職場上層出不窮，面對無法避免的衝突，管理者應先判斷衝突的發生對於組織績效而言是正面幫助、或是負面阻礙，再將衝突引導為激發良性競爭的正向力量。

衝突的正面意義

衝突是指兩方對立、批評、謾罵甚至是激烈打鬥。由於組織對內充斥來自不同背景的成員，對外又需面對競爭者、顧客、供應商等立場不一的對象，難免會因競爭有限的資源，或各自抱持不同的目標與價值觀而引起對立與衝突。過去，學者對衝突抱持傳統觀點，認為衝突都是負面的，會對組織效能產生不良的影響，管理者應極力避免衝突發生；然而，近來許多學者的研究紛紛推翻了過去的看法，認為衝突不盡然都是負面的作用，也會有激勵員工更加自我要求、努力開創新工作方法等正面作用。一個好的管理者不應全面否定衝突可能為組織帶來的各種影響，而是應具備辨識和管理衝突的能力。對具有正面意義和作用的衝突，可加以鼓勵，並管理其可能的流弊；相對地，對於具有負面意義和作用的衝突，則要加以避免或減低可能造成的破壞。根據衝突的正負面影響，可衝突分為建設性衝突和破壞性衝突兩種類型。

建設性衝突

建設性衝突是有利於組織發展的衝突情況，又稱功能性衝突、良性衝突。此種衝突不妨礙組織目標的達成，更對促進組織成長有所貢獻。建設性衝突可能是針對工作的內容、方法有所要求，或是為了創新，成員提出不同想法時產生，例如，業務部主管為了刺激銷量，主動挑起業務員之間的良性競爭，如此不僅可激勵業務員達成更高的業績，也可做為獎酬的依據。有建設性衝突的組織，可以發展出更強勁的創新力，使得組織充滿活力，成員也會互相分享工作經驗，共同成長，因此能展現出更高的工作績效。

破壞性衝突

破壞性衝突則是指有礙組織創造績效，或是有害於組織利益的情況，又稱失能性衝突、惡性衝突，可依據衝突水準的高低分為兩種。一為高衝突水準的破壞性衝突，如人際關係摩擦叢生，或是工作執掌不清而互相推諉責任，好比A員工為表達對主管的不滿，故意拖延工作進度，這種對組織有百害無一利的

衝突，管理者應盡其所能避免，若不幸發生了，也要在第一時間出面處理，將傷害降至最低。若對此種破壞性衝突置之不理，組織會呈現紛亂失序、爭權奪利的惡劣狀況，在內耗之下使得績效低落。

第二種破壞性衝突則屬於低衝突水準的情況，這樣的組織成員通常消極、冷淡，互動不多，也不會彼此分享經驗。例如B部門的員工相處冷淡，對彼此的工作內容與績效毫不關心，對於創意的激發與討論也毫無興趣。雖然沒有衝突存在，但也沒有積極前進的動力。這類破壞性衝突的組織呈現停滯不前、缺乏創新想法的狀況，績效不彰。身為這類組織的管理者，應刺激組織內的建設性衝突，例如定期舉辦讀書會、設置公開布告欄等方式建立分享的機制，才能提升績效。

衝突的管理方法

衝突產生

組織會因為成員之間競爭有限資源、追求不同的目標或工作職掌模糊等因素而發生衝突。

衝突管理

管理者應辨識衝突對組織績效屬於正面或負面影響，加以管理。

正面

負面

建設性衝突

有利於組織發展、可提升組織績效的衝突情況。

衝突程度： 適中的衝突
組織特性： 充滿活力，成員樂於分享且力求進步。

管理方法

管理者應鼓吹「對事不對人」的概念以刺激建設性衝突。

破壞性衝突

不利於組織發展、會使績效下滑的衝突情況。

情況 1	情況 2
衝突程度： 低或無衝突 **組織特性：** 成員冷漠自私、互不分享，績效停滯不前。	**衝突程度：** 高度衝突 **組織特性：** 組織缺乏秩序，成員爭權奪利，彼此惡鬥。

管理方法

管理者可建立分享的機制，如定期舉辦讀書會、設置公開布告欄供成員分享資訊等，帶起互動氣氛。

管理方法

管理者應對此種衝突嚴加制止，必要時對挑起衝突者施以懲處。

激勵

適時且適切地激勵員工，可以提升其工作意願，積極地朝著組織目標前進。管理學者提出許多激勵觀點與方式，如需求觀點要求主管思考員工的需求所在，以便提供恰當的報酬與獎勵迎合成員需求，刺激其工作動機；期望理論主張管理者應評估員工對報酬的期望程度，透過滿足員工期望來激勵成員達成任務目標；公平理論衡量員工所投入的心力是否受到公平待遇，認為員工心理得到平衡會更願意投入工作；增強理論則提供適當的增強物如獎賞等，引導員工做出管理者預期的行為。眾多共存的觀點各有偏重，並無絕對的答案，管理者可視本身工作的情境善加引用。

什麼是激勵？

激勵是從人的心理考量出發，講求以員工想要的某項誘因來刺激員工的潛能，全力以赴達到目標，進而使組織整體績效得到增長，因此是管理者應善用的一項領導工具。

「激勵」的運作過程

由人的心理層面來看，要激發一個人採取原本可能不會主動、積極去做的行為，必須要針對他的慾望及需要，給予一個投其所好的誘因做為報酬，才能引發他去進行那項能滿足慾望的行為。管理學便是運用這樣的心理機制激勵員工，使成員在達成組織目標的同時，亦能滿足個人慾望，藉以提升員工的工作動機與效率。

激勵的過程主要包括了四個不可或缺的步驟：首先，被激勵的對象必須有某種尚未得到滿足的慾望；其次是此人會想辦法滿足這項慾望；再者，管理者若因應此項慾望，將慾望獲得滿足做為達成目標的報酬，即可刺激被激勵者發揮潛力，更努力地朝目標前進；最後，當被激勵者果真達到目標時，管理者果真實現此項報酬做為獎勵。實際取得獎勵後，被激勵的對象會比對所得的報酬與原本的需要，評估獎勵是否確實滿足需要，若報酬正好滿足需求，或者報酬甚至超乎需求，則會產生激勵效果，提高員工的工作滿感與成就感，強化員工的慾望，有助於管理者依據組織的下一個任務目標推動另一個激勵過程；

若成員評估後認為報酬小於需要，便無法產生激勵效果，此時不僅會心生不滿、感到挫折，也會降低成員對組織的期待而減少慾望，使得管理者日後難以再採激勵模式刺激成員投入工作，而這個對慾望的重估與修正的行為，便稱為「回饋」。

由此可知，管理者想要有效地激勵員工，關鍵在於了解員工的需求是什麼，以及需求的程度高低，才能適切提供需求物，藉由滿足員工需求達成高績效。

激勵理論的承繼與開展

早期的激勵理論為「需求觀點」，強調了解員工的需求，找出員工真正的需要，以便投其所好達到激勵效果，包括馬斯洛的「需求層級理論」、麥克瑞格的「X理論與Y理論」，以及承繼需求層級理論進而提出實證研究的「ERG理論」、「雙因子理論」及「三需求理論」皆屬此。另有一批學者則從「過程觀點」解釋激勵作用，他們雖然認同「需求觀點」主張管理者需滿足員工需要，但更進一步鑽研激勵過程中員工本身的「認知」面向，例如佛洛姆的「期望理論」，認為員

工對達成目標的報酬有期待、且認為自己有足夠的能力可完成任務以獲取報酬時，才會積極投入達成目標；而亞當斯的「公平理論」則主張員工在與他人比較報酬後會產生公平或不公平的認知，公平有助於員工積極投入工作，不公平則會減低投入意願。

最後，「增強理論」觀點則是跳脫「需求觀點」的主張，改從獎賞的面向考量，視管理者的獎賞為「增強物」，可以強化員工做出達成組織目標的行為。

激勵過程

	實 例	
	員工	**主管**
Step1 未被滿足的需求 被激勵的對象必須對未得到滿足的需求產生慾望。	這個月才過了一半，彼得卻發現口袋已經不剩半毛錢，需要額外的金錢度過下半個月。	業務經理知道彼得有金錢的需求，而業務部門也有未完成工作，需要部屬假日加班趕工才能達成績效。
Step2 進行滿足慾望的行為 被激勵者會為了滿足慾望而進行追求的行為。	彼得亟欲找尋兼差取得現金的機會，便答應了業務經理的要求。	業務經理提出彼得於假日加班的要求。
Step3 獲取報酬 達成目標後，被激勵者可獲取報酬。	加班過後，彼得領到了一筆為數不小的加班費。	彼得加班完成業務經理交辦的工作，經理給予彼得所承諾的加班費。
Step4 回饋 被激勵者評估報酬是否足以滿足慾望。 報酬≧需要→得到激勵 強化對組織的期待、慾望增加，有助於日後的激勵。 報酬＜需要→未被激勵 對組織不抱期待、慾望減低，對日後的激勵不利。	彼得覺得加班費對生活不無小補，往後會主動爭取加班的機會。	業務經理透過觀察得知彼得對於加班的報酬覺得滿意，確認激勵有效果，參考此經驗以增進下一個激勵循環的效益。

進入下一次激勵的循環

需求觀點的激勵理論①：雙因子理論

需求觀點奠基於馬斯洛的「需求層級理論」，主張「滿足員工需求」是最直接有效的激勵方式，側重於洞悉員工的心理需求，使管理者能據以提供合適的獎酬。在「需求層級理論」的基礎下所發展的雙因子理論進一步將員工需求分為保健因子與激勵因子，主張管理者唯有提供員工工作成就感、自我成長等「激勵因子」，才能提升其工作滿足感，促成高績效。

需求觀點的主要基礎：需求層級理論與X、Y理論

　　心理學家馬斯洛於一九四〇年代所提出的「需求層級理論」以及學者麥克瑞格於一九六〇年代提出的「X理論與Y理論」是需求觀點的基礎。

　　「需求層級理論」將一個人的需求由低至高分為生理、安全、社會、尊重、自我實現五個階段，認為員工會在滿足低層次後，再依序追求高層次需求的滿足，若某一層次未能獲得滿足，則會停留在該層次，不會越過該層次向更上一階前進。因此，對管理者而言，需優先提供低層次的工作條件，再依序提供高層次者。

　　而麥克瑞格所提出的「X理論與Y理論」則將人類分為性善與性惡兩大類，認為沒有企圖心、不喜歡工作、想逃避責任的X理論員工為「性惡」類，會與自動自發、樂於接受責任的Y理論員工，亦即「性善」類者有不同的需求。性善者重視較高層級的尊重、自我實現需求，性惡者則重視較低層級的生理、安全等需求，因此管理者應先分辨員工的人格特質，據此採取不同的激勵方式，才能發揮好的激勵效果，萬萬不可將員工一視同仁。

雙因子理論

　　「需求層級理論」與「X、Y理論」雖可幫助管理者確實理解員工需求，但卻沒有明確地指出可以由哪些指標（如員工的工作滿足感）來判斷激勵效果，而催生了雙因子理論的誕生。雙因子理論是由心理學家赫茲伯格於一九六六年所提出，他以美國賓州匹茲堡地區的兩百名員工及會計師為研究對象，進行一項關於「人想在工作中獲得什麼？」的調查，試圖找出員工工作滿意與不滿意的原因，提出以需求為基礎的「雙因子理論」，一為「保健因子」，另一為「激勵因子」，分述如下：

　　保健因子：代表較低層次的基本需求，相當於馬斯洛需求層級中的生理、安全、社會等需求，如可

雙因子理論在激勵上的應用

激勵因子
指較高層次的需求，對應馬斯洛需求層級中的尊重、自我實現。

可激發工作滿足感，提升績效和員工潛能。

自我實現
例：成就感

尊重
例：升遷機會

社會
例：人際關係

安全
例：辦公大樓的安全、勞健保

生理
例：薪資福利

保健因子
較低層次的基本需求，對應馬斯洛需求層級中的生理、安全、社會等需求。

可消除工作不滿足感，但不意味對工作滿意，亦無法提升工作績效。

馬斯洛需求層級理論 發展出 雙因子理論

管理者應提供基礎要件	管理者應提供進階要件
有了保健因子如薪資福利、辦公大樓的安全、人際關係等時，員工就不會心生不滿，為管理者力求「員工沒有不滿」的基礎。	激勵因子如升遷機會、成就感，能使員工對工作進而產生滿足感，更加積極投入，為管理者增加「員工工作滿足感」的基礎。

實例 A公司所提供的薪資過低、工作環境不佳、員工之間氣氛緊張，員工心生不滿之下，導致績效不佳、公司流動率高。

實例 B公司已提供正常薪資與舒適環境，但工作不具挑戰性，員工無法得到成就感，因此士氣不佳，公司績效也一直持平無法提升。

提供保健因子
A公司主管適時提供可以滿足員工最基本需求的保健因子，例如合理薪資、改善工作環境、舉辦員工旅遊加強人際關係等方式消除不滿，留住員工。

提供激勵因子
B公司主管提供升遷機會，對傑出員工加以表揚，讓員工感受到工作的意義，並從中獲取成就感，開始對工作產生正面的情感，且愈來愈投入，績效也因此提升。

滿足生理溫飽需求的薪資待遇，滿足安全需求的工作環境，滿足社會需求的人際關係等。當保健因子不存在或不足時，會引發員工的不滿足感，像是夏天在沒有空調的辦公室工作，會使員工的安全需求不得滿足；待遇無法支應生活開銷時，會危害維生的基本生理需求。這些較低層次的需求若無法獲得滿足，會造成生產品質與生產力低落。然而，即便保健因子存在且足夠，可消除員工的不滿足感，卻不意味員工對工作感到滿意，因為保健因子僅可支應員工的低層次需求，但要使員工滿足，必須仰賴激勵因子等高層次需求的提供。

激勵因子：代表較高層次的需求，相當於馬斯洛需求層級中的尊重、自我實現等需要，例如在工作中獲得成就感、認同感、責任感、工作成長性等，是讓員工從消極的「沒有不滿足」，邁向積極「有工作滿足感」的因素。當激勵因子不存在時，員工不會感到工作不滿足；但若進一步提供激勵因子，如指派員工具有挑戰性的工作、公開表揚部屬傑出的成就等，則能帶給員工工作滿足感，積極地改善績效。

如何利用雙因子理論來激勵員工？

雙因子理論認為保健因子可以消除員工的不滿足感，而激勵因子可以進一步帶給員工滿足感，考量工作滿足感與組織績效間的正向關係，管理者可藉由提供保健因子減少不滿意度、提供激勵因子增加滿意度來增進組織績效。然而，當組織資源有限，無法同時提供保健因子與激勵因子時，應以人類最基本的需求「保健因子」為優先考量，畢竟保健因子如同組織對員工最根本的承諾，雖然並不會帶來工作滿足感，但若缺乏卻會感到不滿而有損組織績效，因此管理者應以確保員工「沒有不滿」為根本。

然而，「沒有不滿」的員工並不能創造高績效，也無法激發個人潛能，對組織長期發展不利。主管若想帶領一個自動自發的高績效團隊，就必須仰賴激勵因子，使員工對工作產生正面的情感。當員工認為自己所從事的工作並非他人可輕易替代，對公司發展相當重要時，便會提高投入工作的意願，以高績效換取更多的成就感、認同感。

只是，無提供激勵因子並不會造成工作不滿，因此許多企業主容易忽略它的重要性，反而過度重視會導致員工不滿的保健因子，例如員工士氣低落時，主管只提供美化的工作環境、更優渥的公司福利等保健因子改善，殊不知工作內容豐富化、給予員工發揮所長的空間才能真正創造工作滿足感，進而強化工作績效。

需求觀點的激勵理論②：
三需求理論

有異於馬斯洛「需求層級理論」認為人的需求有低至高五個層級的看法，心理學家麥克里蘭認為人在職場上的行為同等地受到三個因素所影響，分別為成就需求、權力需求及歸屬需求，管理者應視員工的需求，投其所好，才能收得最好的激勵效果。

三需求理論

　　三需求理論是由著名的美國心理學家麥克里蘭於一九六一年所提出，他推翻了學者馬斯洛認為人的需求有高低之分的看法，認為員工在職場上的表現受到成就需求、權力需求與歸屬需求等三個力量相互抗衡。每個人各方面的需求強弱不一，有強烈權力慾望的人「權力需求」較高；重感情的人則「歸屬需求」較強，追求成功的人則「成就需求」較高，三個需求的重視程度大小因此造就了不同的人格特質。管理者應協助員工在工作中滿足所重視的需求，以激發工作滿足感，進而提升績效，達到組織與員工雙贏的效果。三需求分述如下：

①成就需求

　　「成就需求」是指個體想要成功達成任務的慾望。成就需求高的人最重視個人成就，致力於表現出更優秀的工作績效。這一類的人喜愛有挑戰性的工作，也樂於承擔工作責任。管理者若賦予高成就需求者有挑戰性的工作目標，就能對這

一類型的員工產生激勵效果；若提供內容過於簡單的目標，會因無法滿足員工的成就需求而難以達成激勵作用。因此企業招募業務員等職位本身較具挑戰性的員工時，就特別適宜選用成就需求高的求職者。

③權力需求

　　「權力需求」是指個體想要別人順從自己指揮的慾望。權力需求高的人希望對他人擁有影響力與支配的權力，最適合能控制其他成員行為的工作。因此管理者分派任務時，小組長、領班等領導者的職位較適合選擇具有高權力需求的成員擔任，如此將可產生較高的激勵效果。

③歸屬需求

　　「歸屬需求」是指個體追求人際關係和諧的慾望。高歸屬需求的人尋求與別人建立友善的關係，重視友情、親情、愛情的經營，他們會主動創造與人合作的機會，避免陷入競爭生態，因此分派任務時，

具有服務性質的工作適合由高歸屬需求的人執行。

成功的管理者有何需求？

研究指出，最佳的管理者應具備高權力需求與低歸屬需求，高權力需求會激勵管理者為了爭取更高的地位、掌握更多的影響力而有更好的工作表現，低歸屬需求則可避免管理者為了和員工建立和諧的從屬關係而犧牲了應該堅持的工作準則；有趣的是，高成就需求並非一個成功的管理者所應具備的特質，原因是成就需求高的人往往太過專注於本身的績效表現，而不關心如何影響員工執行任務，因此高成就需求的管理者未必是一個優秀的主管。

後天環境影響人的三種需求

成就需求、權力需求與歸屬需求的強弱使得每一個人成為獨一無二的個體，但其實人類並非一出生就具有這三種需求，麥克里蘭認為三需求的有無及強弱其實受到周遭的環境、文化背景及生活經驗所影響，例如，來自單親家庭的人可能因為從小缺少完整的親情，導致有較強烈的歸屬需求，成功的企業家第二代可能自幼被培育要出類拔萃，因此有較高的成就需求，由於他們從小習慣呼風喚雨，也容易擁有較高的權力需求，這些都是每個人之所以與眾不同的原因。

三需求理論的內涵

 三需求理論

- 由美國心理學家麥克里蘭於一九六一所提出。
- 個別員工的成就、權力、歸屬三需求的強弱不一，適合的工作內容也有所不同。
- 管理者應辨認員工的需求取向，進而分派適合的工作，以獲取激勵效果。

成就需求

想要取得工作成就感、在工作上超越他人、達成任務的慾望。

- **工作目標**：表現出優於他人的工作績效。
- **適合工作**：高成就需求者適合有挑戰性的工作。
- **例如**：可選用成就需求高者擔任以超越現狀為目標的工作，如業務員。

權力需求

指想要在工作中影響、指揮、控制他人行為的慾望。

- **工作目標**：展現出對其他成員的影響力。
- **適合工作**：可指揮他人的工作。
- **例如**：權力需求高的人特別適任組長、領班等領導工作。

歸屬需求

指想要在工作中獲得友誼與溫情的慾望。

- **工作目標**：在工作中建立良好的人際關係。
- **適合工作**：與他人有人際互動的工作。
- **例如**：歸屬需求高的人特別適任客服等需與人接觸的工作。

適才適所之下，個人的需求可獲滿足，因此會展現出更好的工作績效，組織也因此獲益。

需求觀點的激勵理論③：ERG理論

馬斯洛的需求層級理論、赫茲伯格的雙因子理論皆認為人類的需求有高低層次之分，此論點獲得學者愛德華的認同，他以此為基礎提出了ERG理論，將人類的需求分為生存、關係與成長等三大類，管理者需要配合員工的不同需求，給予最適的激勵方式。

ERG理論

ERG理論是由耶魯大學學者愛德華以需求層級理論為基礎演變而來的論點，愛德華認同人類具有若干類別的需求，但是需求層級理論將人的需求分為五個層次，主張低層次需求滿足後才會依序往上追求高層次需求似乎太過僵固而不合人性，而雙因子理論僅將需求分為保健因子與激勵因子又太過簡化，因此經過一連串的實證研究後，愛德華提出了心目中理想的需求觀點—「ERG理論」，認為人類有三種核心需求，且可以同時追求三者的滿足，分別為生存需求、關係需求與成長需求。生存需求為人類為求生存最基本的物質需要；關係需求是指人類對於友情、親情、社會地位的需求；成長需求則是人類對於自尊、自我成長的需求。

一個人可同時追求多種需求

除了用三種需求取代馬斯洛所提出的五種需要外，最重要的是愛德華表明了「一個人可以同時產生並追求生存、關係與成長等三種需求」。也就是說，組織成員即使生存需求未被滿足，例如沒有好的薪資、工作環境等條件，還是具有關係需求與成長需求，像是希望與同仁建立良好關係，或是在工作中得到成就感與認同感。

需求具「挫折—退化」的特性

ERG理論和需求層級理論還有一項差異：馬斯洛認為當高層次需求受挫時，人們會停滯在這個未滿足的需求上，不會前進也不會後退，直到獲得滿足為止；但愛德華則認為，當一個人追求某個層次的需求受挫時，會退而求其次地至較低一層的需求，藉由較低層需求的滿足補償高層次需求的不足，也就是「挫折—退化」的特性。例如，小美與同事具良好關係，擁有滿意的關係需求，但工作內容卻缺乏挑戰，無法滿足成長需求，只好轉而持續強化關係需求，以主導員工旅遊、舉辦部門餐會等人際活動爭取發揮個人價值的機會，彌補成長需求的不滿足感。

管理者的激勵方法

由於ERG理論主張人同時追求生存、關係、成長三種需求，因此管理者不應只由下而上逐步滿

足員工需求，而是有彈性地，依據員工對需求的不同重視程度來提供資源，例如員工在生存需求（如薪資）、關係需求（如地位）都未獲滿足時，也可能會有高成長需求（如渴望得到尊重），此時管理者即便僅提供成長需求的條件也可達到激勵效果。

此外，基於需求有「挫折—退化」的特性，管理者若無法滿足員工高層次需求，導致員工轉向強化低層次需求時，便應提供更多低層次需求的條件以降低員工的不滿足感。例如員工未能滿足社交互動需求時，可能會對生存需求有更多渴望，如要求更高的薪資、更好的環境等，此時管理者應盡量提供資源以消弭員工的不滿。

ERG理論在激勵上的應用

●人類會由低至高逐一追求五種需求。
●追求高層需求受挫時，會停留在未滿足的需求上不斷要求。

成長需求
獲得自尊、發揮潛能的需求，相當於馬斯洛的自我實現、內在獲得尊重的需求。

自我實現
內在尊重
外在尊重
社會
安全
生理

關係需求
獲得歸屬感、身分地位的需求，相當於馬斯洛的社會、外在獲得尊重的需求。

生存需求
獲得工作薪資、工作環境安全的需求，相當於馬斯洛的生理、安全需求。

●人類會同時追求三種需求。
●當高層次需求無法滿足時，會轉而強化較低一層的需求以替代之，具有「挫折—退化」的特性。

需求層級理論 → 發展出 → ERG理論

激勵做法

更彈性地提供需求滿足
依據員工對需求的不同重視程度來提供，例如員工在生存、關係需求都未獲滿足，卻有高成長需求時，管理者應有彈性地提供條件。

善用「挫折—退化」特性
員工在高層次需求未獲滿足，轉向加強要求低層次需求時，管理者應提供更多低層次需求的條件。

過程觀點的激勵理論①：期望理論

需求觀點的激勵理論從人們的「工作動機」出發，認為人類從事行為是為了滿足某項需求，管理者要能達成有效的激勵作用，關鍵在於滿足員工真正的需求，因此著重於探討員工需求何在。過程觀點則從另一種角度切入，重視人們如何決定行動的思考過程，也就是探討員工如何選擇能達成需求的行為，管理者則可透過引導、影響員工的認知來達成激勵效果，以期望理論、公平理論及目標設定理論為代表。

期望理論

期望理論是過程理論中最被廣泛接受的理論，是由行為科學家佛洛姆於一九六四年所提出，「期望理論」主張人決定採取某種行為的強度，取決於對行為結果所期望的程度。「期望」對人的行為動機產生一股激發的力量，就是所謂的「激勵」效果。當人對達成某項目標的結果抱有高度期望，就會更積極地朝目標前進，做出能達成目標的行動；相對地，若對達成目標的結果不抱持期望，或是期望很低，就不會積極地採取行動。而期望的高低又是基於過去的經驗而來，當經驗指出達到某種目標的機率很高，便會更期望此次目標能圓滿達成；若經驗指出達到目標的機率低，那麼對達成目標的期望就會降低。由此看來，要達成激勵效果，使人們採取積極行動，需要的不只是投其所好地提供一個有價值的報酬，還必須讓被激勵者對達成目標抱持高度期望，才能促使其積極行動。

期望理論如何強化激勵效果？

在期望理論的主張下，「使員工相信努力工作可以換取高績效」、「高績效可以換得高報酬」、「報酬對員工個人具高價值」三者串起了員工決定如何行動的思考過程，當員工相信努力工作可以換得高績效，高績效又可以帶來對個人有價值的報酬時，便能使員工對達成任務充滿期望，而展現出有助於目標達成的行為。

因此，管理者除了需以員工所期望的結果做為達成目標時的報酬，還應了解員工對於達成目標、取得報酬所抱持的期望有多大，進而提升個人對於達成目標的期望。例如員工希望透過努力工作、達成績效來獲取更高薪資或職位，管理者因而以此做為達成目標的報酬，並為員工設定合理、能力可及的工作目標，使員工相信努力工作就能達成目標，而願意全力投入任務。

期望理論在激勵上的應用

期望理論

內涵：人會採取某項行動，是基於對行動結果抱有期望。當期望加強時，就會更加投入。

管理重點：管理者除了給予員工所想要的報酬之外，還應致力於強化員工對於努力即能獲取報酬的期望。

員工採取行動的過程

管理者給予激勵的重點

個體努力

員工努力投入工作，希望得到好結果。

愛咪為了要提出富創意又能滿足客戶要求的廣告提案，與所帶領的企畫小組同仁不斷討論。

加強個人努力即可獲取績效的期望

管理者協助提高員工努力的效益，例如對不會的人給予指導、鼓勵員工勇於表現、使其相信自己做得到。

公司經常舉辦企畫講座、找來專業講師教授員工如何增進企畫能力、提升創意……等，對於愛咪的工作績效非常有助益。

得到好績效

員工工作表現良好，績效提升。

愛咪主導的提案深獲廣告主喜愛，於眾多競爭者中脫穎而出。

加強個人績效可獲組織獎賞的期望

管理者應讓員工相信達到績效確實可得到想要的報酬。

根據過去跟主管共事的經驗，愛咪相信主管信守承諾；如果達到預期績效，就會獲得應有的報酬。

如預期獲得組織所提供的報酬

組織在員工達成績效時履行報酬承諾。

愛咪提案成功為公司帶來了可觀的獲利，主管決定調升愛咪的職位。

提高組織報酬對個人的吸引力

管理者應了解對員工最具價值、員工最想要的報酬。

主管定期與員工面談藉此了解員工現階段最渴望於工作中獲取成就感與自我實現的事物為何。主管知道愛咪最渴望的就是升遷機會。

同時達成個人與組織目標

個人達成組織目標所獲取的報酬可滿足個人目標。

升遷給予愛咪更多發揮的空間，幫助她完成自我實現的目標，讓愛咪非常有成就感。

過程觀點的激勵理論②：公平理論

有別於期望理論重視員工想要獲得什麼報酬的期望，公平理論則是以員工感受激勵的心理過程為研究要點，發現即使給予員工很高的報酬，但經比較後發現報償不如他人時，仍會產生不滿足感，無法提高工作動機，因而強調管理者應給予員工公平的待遇，以產生激勵效果。

公平理論

公平理論是由社會心理學家亞當斯於一九六三年所提出，又稱社會比較理論，亞當斯主張員工的工作滿足感是取決於「工作投入」與「所得報酬」間是否公平、合理，其中工作投入是指付出的時間、金錢與專業貢獻，所得報酬則為薪資、福利與升遷機會。「工作投入」與「所得報酬」的比例即為「投入產出比」，當員工經由比較感受到自己的投入產出比的效益等於他人的投入產出比時，就能產生激勵效果進而提升績效；若自己的投入產出比小於他人，則會產生報酬過低的不公平感；反之，當自己的投入產出比的效益高於他人，會產生報酬過高的不公平感，不論報酬過高或報酬過低，員工所產生的不公平感皆有害組織績效。

員工對不公平報酬的因應對策

當員工認為組織在處理工作投入與所得報酬出現不公平時，自認報酬過多與過少的員工皆會改變投入，以追求無過與不及的平衡點。但在不同計酬制度下，員工判斷增減產量、調整工作品質的因應做法有所差異。

管理實務中，常見「按時計酬」與「按件計酬」兩種不同的薪資制度，按時計酬是以員工實際的工作時數給薪，稱為時薪制；按件計酬則是以員工實際完成的產量給薪，常見的有家庭代工、室內設計、稿費……等。在按時計酬的情況下，雖然提高投入並不會得到更多的薪資，但自認報酬過多的員工會督促自己在時間內有更高的產量與更佳的品質，使所得的報酬與工作投入趨於相等；而自認報酬偏低的員工則會減少產量，或是降低工作品質，使得投入與報酬更趨一致。另一方面，在按件計酬的情況下，由於薪資多寡是由產量所決定，產量少則報酬會減低，因此自認報酬過多的員工會減少產量，但會提升工作品質，以平衡過多的報酬；而自認報酬偏低的員工，為了符合產量多、報酬多的原則，則會致力提高產量，以獲取更多的報酬，但是產品品質卻可能因此而降低。由此可知，不論採按時計酬或是按件計酬，當員工自認報酬過低、或是按件計酬之下報酬過多，都會導致產量下滑或是品質低落。

公平理論的內涵

——— 公平理論 ———

員工會將他們在工作上的投入與所獲的報酬與他人比較，如果覺得公平，則會產生激勵效果，有助提升組織績效；若覺得不公平，無論是報酬過多或過少，皆會影響員工對工作的投入，不利組織運作。

情況1	情況2	情況1
$\dfrac{\text{我的報酬}}{\text{我的投入}} = \dfrac{\text{他人的報酬}}{\text{他人的投入}}$	$\dfrac{\text{我的報酬}}{\text{我的投入}} > \dfrac{\text{他人的報酬}}{\text{他人的投入}}$	$\dfrac{\text{我的報酬}}{\text{我的投入}} < \dfrac{\text{他人的報酬}}{\text{他人的投入}}$
員工的投入產出比等同他人的投入產出比，認知到公平，可獲得激勵效果，進而提升績效。	員工的投入產出比大於他人的投入產出比，會因認為不公平而改變投入拉近兩者差距，使其公平。	員工的投入產出比小於他人的投入產出比，會因認為不公平而改變投入拉近兩者差距，使其公平。

實務表現

在按件計酬與按時計酬兩種不同的薪資制度下，當員工認知投入與報酬間不公平時，皆會改變投入：

認知不公平 · 薪資制度	員工自認報酬過多	員工自認報酬過少
按時計酬 實例：米琪時薪100元、莉莉時薪70元。	**品質提升、產量增加** 實例：米琪原本一個小時可製作完成6個漢堡，為了減輕報酬過多所產生的不安，她決定提高投入，一個小時完成10個漢堡。	**品質降低、產量減少** 實例：莉莉發現米琪的薪水比自己多，感到忿忿不平，原本一個小時可以完成的漢堡從6個減少至4個，且品質良莠不一。
按時計酬 實例：米琪每製作一份漢堡可得20元、莉莉每製作一份漢堡可得15元。	**品質提升、產量減少** 實例：老闆發現之前按時計酬的方式並不公平，改採按件計酬，可是米琪的報酬依然高於莉莉，為了拉近彼此的距離，米琪將動作放慢，更仔細地製作漢堡，產量減少了，薪資也就下降了。	**品質降低、產量增加** 實例：為了和米琪的薪水並駕齊驅，莉莉加快速度製作漢堡，畢竟老闆將薪水改為按件計酬，成品愈多薪水就愈高，至於品質只好睜一隻眼閉一隻眼了。

按時計酬之下，當員工自認報酬相對過多時，會增加投入，使工作品質提升、產量增加。

按件計酬之下，當員工自認報酬相對過多時，會減低產量，但工作品質會因產量減少而提升。

不論採何種薪資制度，當員工自認投入與報酬相比之下報酬過少，都會減少投入以減輕不公平感，導致工作品質下滑。

管理原則

管理者應針對每個員工的工作投入程度給予合理的報酬，才能使員工在比較之下產生公平的認知，激發工作動機，達到激勵效果。

即便是按時計酬之下報酬過多的員工會同時提升產量與品質，但組織仍無法避免相較下報酬較低的其他員工產生不公平感，而減少在產量或品質的投入，最終均不利於組織發展。

了解比較基礎，力求公平待遇

亞當斯強調，公平的感受會影響員工的工作動機進而左右組織績效，因此，管理者不應認為給予相同報酬、或只是一味地增加報酬，就能達到激勵員工的目的，而是必須針對每個員工的投入程度，給予適當合理的報酬，力求在相同原則、標準下公平對待成員，才能提升員工的工作動機，達到激勵的最佳效果。

而員工對公平的認知，決定於比較的對象，一般而言，人們通常會與「他人」、「系統」和「自我」做比較，以了解自己的待遇水準，因此管理者也應全面地了解這三種比較對象的工作投入產出比，才能拿捏適當的報酬分寸。

●**他人**：員工會將工作的投入產出比與其他工作內容相似的人比較，例如甲公司A部門的業務助理與B部門的業務助理相比，或是甲公司A部門的業務助理與其他公司的業務助理相較，故管理者可參考一般業界的標準給予報酬，使員工與他人相比時感受到公平，進而更投入工作而提升績效。

●**系統**：是指組織的薪資政策與考核制度是否一視同仁地適用於所有員工。例如在相同績效下，成員應遵循相同的報酬制度，擁有相等的調薪幅度與績效獎金。只有相同的評估標準與獎酬，才能使員工認知到公平，相信組織值得信任。

●**自我**：是指員工自我評估工作投入與所得報酬的對價關係，例如員工自認某一程度的工作投入，就應該得到一定程度的所得報酬，當自認投入增加時，同樣也應該獲取更高的所得報酬，否則不公平的感受就會油然而生。比方說布萊恩一週加班達三十小時，自認應可依據時數請領加班費，但公司卻規定一週只能請十小時的加班費，投入和報酬不成比例，難免讓員工感到不公平。由於員工自我的感受與認知是主觀的，為了避免員工自認的對價關係與管理者的認知有落差，管理者可藉由行為觀察或面談等方法來了解員工的認知，再決定是否應調整報酬。

過程觀點的激勵理論③：目標設定理論

「目標設定理論」主張一項具有挑戰性的目標可以激發員工的企圖心，促使個體更加努力工作，達成更高的績效，因此，協助員工設定適宜的目標就能產生激勵的作用。

目標設定理論

目標設定理論是由美國心理學教授洛克於一九七八年所建立，他的研究指出，為目標而努力是人的天性，因此員工會被具有挑戰性且能力可及的目標所激勵。目標具適當挑戰性，是指未經努力無法輕易達成、但只要經過一定程度的努力就能達成。因為如果挑戰性超過能力可及，人們可能會因達成的機率過低而放棄，但如果不具一定的挑戰性，又無法激起人們的鬥志和努力，因此，管理者若能協助員工訂定一個合理、具挑戰性的目標，即可激發出員工的工作潛能，達成更好的績效。

為了確定目標具挑戰性，但又不會過度困難而超出員工的能力範圍，管理者應遵循SMART原則擬定目標（參見91頁），以確保目標具體、可以數據衡量、可以達成，且以成果評估績效（成果導向），同時兼具時效性。

目標設定的影響變數

然而，即使符合SMART原則訂定了具有挑戰性、員工能力所及的目標，並不保證員工一定能達成目標、產生績效。因為在執行過程中尚有許多影響成敗的變數，例如員工對達成目標的重視程度、對自身能力是否有足夠的自信、能否選用正確的策略等。一般而言，可歸結為目標承諾、自我效能以及策略三項影響變數，管理者應將這些變數考量在內，才能為員工設定一個具有激勵效用的目標。

①**目標承諾**：是指個人對目標的重視度、以及決心完成目標的程度。當員工接受了有挑戰性的目標，就會對任務產生責任感，如同對目標許下必得完成的承諾一般，戮力而為。當員工對目標承諾的程度愈高，表示愈會認真以對，全心投入於工作當中，將可導致較高的績效。因此，為了激勵員工提升績效，管理者可與員工一起討論、設定目標，在員工參與之下，加強員工對目標的認同，連帶提高其目標的承諾程度。

②**自我效能**：是指個人自我衡量具備達成任務的能力，以及相

信自己可以完成目標的信念。若員工具有高度自我效能，即使遭遇困境，也會相信憑藉自己的經驗與能力可以克服難關，因而更加勇往直前，如願完成任務；至於自我效能低的員工，過去的失敗經驗可能導致他們缺乏自信，因此面對具有挑戰性的工作時，容易畏縮或習慣沿用舊有的工作模式而招致失敗。對此，管理者可藉由教育訓練提升員工的工作能力，亦可對缺乏自信的員工加強鼓勵做為心理支持，使員工能夠提高自我效能，更具自信。

③**策略：**是指為達成目標所採取的方法。特別是針對具挑戰性的任務，無法光靠努力、毅力和耐力成事，還需有適當的策略做有效的資源運用，才能達成目標。採取適當的策略，可收事半功倍之效；反之，錯誤的策略除了浪費資源，還可能降低目標的達成度。因此管理者可以幫助員工評估自身的優勢、劣勢，外在環境的機會、威脅，找出解決問題的最佳策略，以增進目標達成。

目標設定理論

訂定具體且具挑戰性的目標

依據SMART原則設定具體、可以數據衡量、可以達成,且以成果評估績效(成果導向),同時兼具時效性的目標。管理者可協助員工設定適當目標。

例 業務經理考量小華過去的業績水準,為他訂定下半年績效成長10%的目標,小華也接受挑戰。

影響

導致

較高的績效

在適當的目標激勵、以及對於三大變數的掌握下,員工會有更好的績效表現。

例 小華達到下半年成長10%的目標。

導致

較高的報酬與滿足感

當績效提升,員工可獲得較高的組織報酬,也會使工作滿足感提升。

例 小華得到績效獎金,也獲得很大的成就感。

影響績效的變數1 **目標承諾**

● **目標承諾**:是指員工個人對目標的重視以及完成目標的決心。目標承諾愈高,會愈投入工作,將可促成較高的績效。

● **管理原則**:管理者讓員工參與目標的設定,共同討論以提升員工的目標承諾。

例 經理與小華討論後才一起訂定目標,使小華對於目標更加認同。

影響

影響績效的變數2 **自我效能**

● **目標承諾**:是指員工相信自己可以完成目標的信念。自我效能感高的員工,對於完成任務較有信心,即使有困難也勇往直前,不會退縮。

● **管理原則**:管理者可施以教育訓練,強化員工的執行力與自信心。

例 業務經理將過往的經驗與小華分享,小華因此學到許多銷售技巧,信心大增。

影響

影響績效的變數3 **策略**

● **目標承諾**:策略是指員工達成目標所採用的方法。掌握內外環境,採取正確的策略才能達成目標。

● **管理原則**:管理者可協助員工進行SWOT分析,根據分析結果研擬適當策略。

例 與業務經理討論後,小華認為老客戶的下單機會大,但近日競爭者的促銷攻勢猛烈,為免流失市場,小華勤加拜訪老客戶,並結合內部資源提供老客戶優惠方案,刺激買氣。

增強觀點的激勵理論

需求觀點重視員工的心理誘因，過程觀點探討員工行為的心理狀態，兩種激勵理論皆以被激勵者個體認知為重心。增強觀點則不然，其認為人的行為受到來自個體之外的增強作用所支配，因此調整獎賞或懲罰的強度，才是激勵員工朝向目標前進的方法。

增強理論

增強理論是由美國的心理學家史金納博士帶領研究團隊於一九七一年所提出，史金納是一個極端的行為主義者，有「操作制約之父」的稱號。行為主義主張，人或動物所採取的行為都是為了達到某種目的，行為所產生的結果才是真正影響如何作為的主因，因此，人是否會進行某一種行為，是由外在環境所操控，跳脫過去探討個體期望、認知、感受等心理狀況的論點。由此可知，管理者要達到激勵的目的，可在員工做出某些特定行為時，立即給予增強物，如以獎勵正面地強化某個值得鼓勵的行為，使之重複出現；或以責罰負面地懲戒某個不該出現的行為，避免員工再度表現出此負面行為，如此一來，員工即會做出受獎賞的行為以獲取更多獎勵，避免做出觸犯罰則的行為以免除責難，管理者因此可支配員工表現出有利組織績效的行為。

增強的四種做法

當員工做出某項行為時，管理者可立即給予增強物以控制其行為。根據增強物的屬性是正面或負面，管理方法是給予或剝奪，可發展出四種做法：

正增強：是指管理者於員工做出某個特定行為後，給予令其感到愉快的事物，例如加薪、升遷、給予獎金等實質獎勵或是口頭嘉獎等，以鼓勵該行為重複發生，又稱「積極強化」。例如老闆頒發獎金鼓勵全勤的員工，員工便會為了獲得更多的獎金而繼續努力保持全勤紀錄。

負增強：是指管理者於員工做出某個特定行後，消除會讓員工感到不愉快的事物，例如不會被減薪、降職、扣罰金等具體罰則，或是不會被訓斥等，以鼓勵該行為重複發生，又稱「消極強化」，例如準時上班的員工就不會被老闆扣遲到罰金，員工因此準時上班以免被罰。

懲罰：是指管理者於員工做出某個特定行為後，給予會讓其感到不愉快的事物，例如予以減薪、降職或扣罰金等具體懲罰，或是口頭訓斥等，以避免該行為重複發生，例如遲到或早退的員工將被扣遲到罰金，員工為了避免受罰而準時上班。

四種增強方式

員工的行為表現	管理者採取的增強方式	員工接下來的行為表現	達到管理者所要的績效

員工表現出管理者認同的正面行為，例如全勤、績效佳等。

正增強
管理者給予員工想要的事物，例如加薪、升遷、口頭獎勵。

為了繼續獲得想要的事物，員工會增加正面行為的出現頻率。

員工表現出管理者認同的正面行為，例如全勤、績效佳等。

負增強
管理者不給員工不想要的事物，例如不扣薪、不降職、不訓斥等。

為了繼續不得到不想要的事物，員工會增加正面行為出現的頻率。

藉由四種增強方式，管理者可刺激想要的正面行為重複發生、減低負面行為再次出現，使組織績效提升。

員工表現出管理者不認同的不當行為，例如遲到早退、績效不佳等。

懲罰
管理者給予員工不想要的事物，例如扣薪、降職、訓斥等。

為了避免得到不想要的事物，員工會減低不當行為出現的頻率。

員工表現出管理者不認同的不當行為，例如遲到早退、績效不佳等。

消滅
管理者不給員工想要的事物，例如不升遷、不加薪、不口頭獎勵。

為了避免得不到想要的事物，員工會減低不當行為出現的頻率。

消滅：消滅是指管理者於員工做出某個特定行為後，不給予會讓員工感到愉快的事物，例如不提供加薪、升遷、給予獎金等實質獎勵或是口頭嘉獎等，以避免該行為重複發生，例如請假的員工無法獲得全勤獎金，員工為了獲取獎金而不請假。

管理者選用做法的考量

雖然以上四種方法皆可達到增強的效果，但一般管理者較常選用以獎賞的方式鼓勵正面行為的「正增強」，而較少使用帶有責難的「負增強」與「懲罰」，或是剝奪獎賞的「消滅」。正增強方式的管理下，員工是自願、樂意地遵從主管指揮，做出主管所希望的行為；而以「負增強」、「懲罰」或「消滅」方式管理員工，則是使員工不得不服從指令，若應用不當，可能會產生高壓、恐懼的氣氛，因此實務上，較多學者鼓吹正增強的應用。

然而，正增強之外的其他三個方法並非不能使用，而是應該在適當的對象、情境及時機下採用，並隨環境變化相應調整。

增強理論亦可運用於「控制」功能

增強理論主張人可以運用增強物來塑造、改變他人的行為模式，其應用範圍很廣，除了可用於管理者激勵員工，使其表現出符合組織期望的行為，也可以運用在管理四大功能中的「控制」，運用增強物使管理者操控員工的行為表現，以便符合組織期望。

工作特性模式

一份工作本身的內涵會影響到員工的心理狀況,當員工覺得工作富有意義、自己對組織有重大的責任,或是工作成果可以得到回報時,其生產力與滿足感會增加,離職率與曠職率則會下滑。由五個核心構面解析工作內涵的「工作特性模式」,對管理者進行員工的工作設計有很大的幫助。

工作內容如何產生激勵作用

馬斯洛的需求層級理論及愛德華的ERG理論皆指出,員工需要在工作時獲得尊重與自我實現,具有成長需求,與赫茲伯格的雙因子理論不謀而合,認為管理者若能提供諸如工作展望、升遷機會等激勵因子,便能滿足員工的成長需求,帶來激勵效果。海克曼及歐得漢兩位學者於一九七五年所提出的「工作特性模式」即針對工作本身能否滿足工作者的成長需求進行研究,歸納出影響員工之工作感受的五個關鍵構面,當每個構面的強度愈高,員工就更能從工作中學習、成長,獲得更大的滿足感與成就感,表現更佳的生產力。五大工作構面如下:

①**技能多樣性**:意即完成工作所需要的技能多寡,例如一樣是咖啡店的店員,A咖啡店店員只負責煮咖啡,B咖啡店店員除了煮咖啡,還負責向供應商進貨,則A咖啡店店員所需技能只有煮咖啡的技巧,少於還要進貨的B咖啡店店員所具備與供應商溝通議價的協調能力。當工作上需求的技能多樣性愈高,員工愈

有機會在工作中學習,獲得更多發揮空間,得到成長與自我認同。

②**任務完整性**:若將任務切割為數個步驟,任務完整性高意即員工的工作涉及多數步驟,完整性低則表示工作只是流程中的一個環節。例如早餐店製作三明治的流程為:烤土司→料理蛋、生菜、肉片等內餡→組合土司與內餡。當早餐店員需一手包辦以上三個流程時,稱為任務完整性高,若店員只需負責其中一個流程如烤土司,其餘部分交由其他成員作業時,稱為任務完整性低。任務完整性高的員工因涉入每個工作環節,對任務會有全面性的了解,因此任務出錯時,較能察覺問題核心,指出需改善的步驟,較能發揮自己獨特的價值,深入感受工作意義。

③**任務重要性**:意即工作是否對組織具重大影響。當員工意識到主管交付的任務對組織具重大影響時,會因此感受主管對自己的信任,而更能認同工作的意義,增加工作動力,提升績效。

④**自主性**:是指工作賦予員工裁量的權限,例如可以自行安排

工作順序、自行掌控工作進度……等，當工作賦予員工的自主性愈高，成員的發揮空間愈廣，可大展身手施行自己的信念，但同時也承擔更重的工作責任。

⑤回饋性：意即工作完成時，員工可以確實了解工作績效對組織的貢獻度為何、主管有何評價，例如業務員的業績排名能使個人績效明確、透明。回饋性高的工作能讓員工得知自己的投入獲得多少產出，並在客觀比較下了解工作表現的相對優劣，獲得改善的方向。

工作特性模式主張，技能多樣性、任務完整性、任務重要性三大構面的程度愈高，愈能提升工作的價值與意義，員工會因此更加投入工作；自主性構面則賦予員工較大的職權，發展空間大，但相對需承擔更多工作責任；而回饋性構面可使員工的投入與工作結果產生連結，幫助成員了解自己的工作表現，得到改善方向。

當工作任務愈完整、愈具重要性、技能愈多樣性、自主性與回饋性愈高，員工的滿足感會增加、生產力會提升，進而產生高品質、高績效的工作成果。相對地，當任務不完整、不重要、只需少數技能、自主性與回饋性低，會造成員工的滿足感降低、生產力下降，使得組織的離職率和曠職率提高，因此管理者設計工作內容時，應考量工作特性模式的概念，力求提升每個構面的強度。

個人的成長需求強度有異，工作設計應配合調整

然而，雖然員工皆有成長的需求，但每個人仍有需求強度上的差異，也會影響工作設計與管理成效。以X理論與Y理論（參見174頁）的角度來看，符合Y理論的員工因喜歡有挑戰性的工作，成長的需求較高，便會對五個工作構面的強度要求較高；而X理論的員工因缺乏企圖心，較不重視工作內容，成長的需求較低，對五個工作構面的強度要求較低。由此可知，並非每個員工面對相同的工作時會有相同的心理反應，管理者在進行工作設計時也應將個人差異考量在內。

工作特性模式

五大工作核心構面	員工的心理感受	工作成果

技能多樣性
完成任務所需技能的多寡。

任務完整性
任務是否涉及整個工作流程，或僅是其中一個環節。

任務重要性
任務對組織的影響力。

自主性
任務所賦予員工的裁量權。

回饋性
員工可以清楚了解工作成果的程度。

感受工作意義

感受工作責任

感受工作表現

情況1
員工認為工作深具意義，責任大，並了解工作表現的結果。

易產生：
● 員工生產力提升
● 員工工作滿足感高
● 離職率與曠職率低

情況2
員工不認為工作具有重大意義，責任無足輕重，工作表現亦不確知。

易產生：
● 員工生產力下降
● 員工工作滿足感低
● 離職率與曠職率高

需留意的是，雖然員工皆有成長的需求，但仍有需求強度上的差異，管理者應根據員工的個人特質，適度安排五大構面的強度，才能設計出適才適所的工作內容。

工作再設計：以工作內容激勵員工

當任務內容千篇一律、不具學習空間時，員工難免產生倦怠感，無意投入工作，造成績效的遞減。此時，管理者應對工作重新設計，透過增加工作內容或提高職權，使工作更有趣、更具挑戰性，帶來激勵效果，常見的手法有「工作擴大化」及「工作豐富化」。

工作再設計

「工作再設計」意即將員工的職務重新評估、調整、分派，再組合成一個新的工作內容。由於牽涉的人員廣泛，可能因此改變組織的分工方式及職權調配，管理者進行工作再設計時應謹慎、周延，在符合組織目標的前提之下，重新設計出能激發員工潛能的工作內容，再度激起員工對工作的熱忱。

工作擴大化vs. 工作豐富化

進行工作再設計、重組工作內容時，可從「工作擴大化」及「工作豐富化」兩大方向來思考，分述如下：

● **工作擴大化：** 是指擴大員工的工作範圍，使工作內容更加多樣化，例如原本負責炸薯條的員工，現在也要製作漢堡。使原本單一的技術與能力得以增加。然而，工作擴大化雖然可以增加員工的工作內容，但深究工作的深度其實並沒有改變，只是水平方向地擴大職務，部屬依然沒有決定權，學習空間有限。因此，工作擴大化雖然讓工作內容更加多樣化，卻不保證可以提高員工的工作滿足感，較適合成長需求低的X理論員工。

● **工作豐富化：** 是指主管賦予員工權力自行規劃工作，使員工可自主掌握工作進度，垂直方向地增加工作內容。例如同意原本炸薯條的員工自行規劃工作流程，工作方式由原本僅負責製作薯條，改變為全權安排進貨、備料、製作等流程。這種垂直方向的工作再設計，不僅可以豐富工作內容，讓員工接觸更多領域，學會更多技能，也賦予員工更大的自主權，訓練員工更有責任感，就激勵效果而言，可以創造更高的工作價值，是一種積極的激勵方式，適合用於高成長需求的Y理論員工。

彈性工時

彈性工時是現代常見的工作方式，例如讓員工自行選擇上班時段，或是每週有一天可以在家工作，這種工作設計既不是增加內容廣度的工作擴大化，也不屬於增加深度的工作豐富化，僅是突破過去朝九晚五的工作時程，讓員工有更多自主權，但實務卻證明對提高工作滿足感有明顯的效果。

工作再設計的常見做法：工作擴大化及工作豐富化

起因於員工工作成果不佳

主管發現員工倦勤，導致工作效能低、工作滿足感低、離職率與曠職率高。

進行

工作再設計

將員工的職務重組成一個新的工作內容。

兩個主要的思考面向：

工作擴大化	工作豐富化
擴展工作內容的廣度，增加工作內容。	主管授與員工更大的管理權限，可自行規劃與控制工作進度。
例 早餐店裡原本A員工專責製作漢堡，店長施行工作擴大化後，A員工除了製作漢堡，也需炸薯條。	例 早餐店裡原本A員工專責製作漢堡，店長施行工作豐富化後，A員工的工作改變為全權安排進貨、備料、製作等流程。

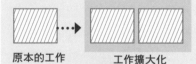

原本的工作　　　　　工作擴大化

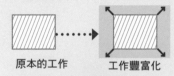

原本的工作　　　　　工作豐富化

結果

結果

提高工作內容的廣度

- ●學得的技能→增加
- ●對工作的控制程度→不變

適合

成長需求低的X理論員工

提高工作內容的深度

- ●學得的技能→增加
- ●對工作的控制程度→提升

適合

成長需求高的Y理論員工

8 控制

「控制」的功能,在於確保目標與生產力的連結,管理者透過「規劃」設定目標、「組織」人員及分配資源、「領導」員工努力執行任務,但要達成理想的績效,還必須仰賴「控制」確實把關,確保在各個環節中都能透過對的人用對的方法、在對的時間、做對的事情,使組織在環環相扣的規劃、組織、領導、控制四大管理功能之下能無誤地達成目標。管理者需針對組織規模、決策集中程度、任務屬性……等變數進行全盤考量,再為組織選擇出最合適的控制方法。

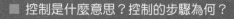

■ 控制是什麼意思？控制的步驟為何？

■ 控制的類型有哪幾種？

■ 哪些因素會影響控制成效？

■ 如何評估組織所使用的控制系統？

■ 什麼是全面品質管理？

■ 產品好用又耐久就是高品質嗎？

■ 何謂品管圈？何謂戴明循環？

控制的意涵

管理者擬定了組織目標後，接著就是進行一連串達成目標的任務行動，而「控制」可使管理者確保執行方向符合計畫初衷，並了解實際成果與目標的差距，以採取修正行動，讓每個環節在有效控管之下，正確無誤地朝向目標進行。

什麼是控制？

四大管理功能的最後一個要素就是「控制」，是指將任務的執行成果與原始設定的目標比較，針對其中的偏差進行矯正，例如是否有費用超過預算、專案無法按時完成、或是產品效能不如預期等狀況，以進行必要的修正，確保活動照計畫進行，最終能導向所設定的組織目標。

如果管理者只設定任務目標，忽略了追求目標的過程中種種偏離目標的行為，而未即時予以監督、糾正，將會造成行為與目標漸行漸遠，最後成果與預期不符，徒勞無功。因此，管理者在規劃目標、組織資源、領導成員之餘，還需對任務方向加以控制，一旦察覺偏差就立即導正，確保每個環節串連無誤，儘可能地拉近現況與組織目標的距離。

控制可激發組織創新

「控制」除了監督績效的功能外，還可協助管理者預測市場變化、察覺機會。因為進行控制的過程中，會進一步調查所偵測到的異常狀況，而調查結果常使管理者因此察覺市場變化，而能預擬因應之道，甚而發現潛在商機。比方說出現產品銷售量遠小於預期銷量的警訊，組織從中了解後發現既有產品已不能滿足顧客需求，進而投入研發新的產品功能，或開拓另一目標客群以減輕現有產品被市場淘汰的衝擊。

例如，A公司的控制系統偵測出某個產品許久未進貨，但庫存仍不少，為了解釋這種異常現象，銷售員進行了市場調查，發現市面上類似的產品都採降價促銷，原因是新一代的機種預計下個月上市，舊機型必須趕緊出清，管理者因此決定將倉庫中所有類似的產品低價促銷，並立即與上游廠商聯繫，了解新機種的推出時間，以安排一波產品上市的行銷計畫。

控制的程序

進行控制時，主要可分為「設立標準」、「衡量績效」、「比較績效與標準的差異」、「修正偏差」等四個步驟。首先，「設立標準」是指管理者需在規劃中設定應達成的目標，做為之後評量績效的標準。例如A公司老闆規劃當季產品銷售量上升二〇％、製造成本降低一〇％，以此為目標做為各層

級管理者與員工評量績效的標準。接著是「衡量績效」，也就是衡量實際的執行成果。例如A公司老闆需了解產品真正的銷售狀況與生產成本。再者是「比較績效與標準的差異」，也就是將所設立的標準，與實際績效進行比較，了解其中的差距。若成果超過預期，應予以獎勵，若成果不如預期，管理者就必須找出造成差距的原因，例如可能是目標訂得過高，或是員工技能不足等。最後是「修正偏差」，解決各種造成偏差的原因，針對無法達成者依其原因予以導正，例如降低目標、加強教育訓練以強化工作技能。偏差得到修正後就可以進入下一個控制的循環，監督經修正後的執行效益是否符合預期。

控制的程序

實例 大寶打算於年底迎娶愛情長跑多年的女友小婷，大寶所聘請的婚禮顧問應用了控制的四大步驟確保婚禮進行順利。

STEP1：設立標準

管理者需規劃組織的目標，做為控制的標準。

婚禮顧問請大寶明確描述出理想中的婚禮，假設為年底前以50萬元的預算於五星級飯店中舉行婚宴，並邀請上百位嘉賓。
由此可知大寶理想婚禮的標準有：
- 年底前舉辦
- 在五星級飯店宴客
- 嘉賓如雲
- 所有花費在50萬的預算之內

STEP2：衡量績效

管理者應衡量實際的執行結果。

婚禮顧問需了解婚禮實際的籌備狀況，例如：
- 年底前所有五星級飯店已被預約一空
- 預定的結婚日期並非假日，許多親友不克出席
- 共計花費達60萬

STEP4：修正偏差

針對偏差的原因施以改正措施。

雖然現實狀況無法完全滿足大寶的理想，但婚禮顧問還是盡量縮小兩者的差距，顧問建議大寶改在口碑好的四星級飯店宴客，且日期訂於假日，因為：
- 四星級飯店的服務與口碑與五星級飯店相距不遠。
- 訂於假日，方便親友出席
- 於四星級飯店宴客的花費為50萬內，符合預算目標。

STEP3：比較績效與標準的差距

將實際績效與原訂標準進行比較，並對成果超出預期者予以獎勵、不如預期者則找出偏差產生的可能原因。

婚禮顧問開始比較實際狀況與理想婚禮的差距，例如：
- 大寶若想在年底前迎娶小婷，便無法在五星級飯店舉行婚宴。
- 許多親友無法親自到場祝賀，嘉賓總計不滿百人。
- 花費無法控制在50萬的預算內。

修正偏差之後，需重新設立控制標準，以大寶為例，大寶將宴客地點改為四星級飯店，且日期更改為假日。然而，儘管標準改變，還是需遵循控制的四大步驟掌控執行進度，以新設立的標準衡量績效……等，解決各種可能出現的難題。

控制的類型

依據不同的構面，可將控制分為許多類型。以時間軸為基礎，可分為事前控制、即時控制與事後控制；以企業機能為基礎，則包括生產、行銷、財務、人力資源及資訊等五大控制焦點；若以組織特性區分，可分為科層控制、市場控制及氏族控制三種類別。

事前、即時、事後的控制要點

在時間軸之下，所有管理活動的進行都可區分為過去、現在和未來，因此，管理者可以在不同的時機點，如活動開始前、進行中、或完成後進行事前、即時、事後控制，各階段所側重的要點如下：

事前控制：又稱為預測控制、前瞻控制。是指在任務運作之前，事先預測可能發生的問題並擬定對策，以免真正發生狀況時措手不及，錯過了解決問題的最佳時點，例如政府以防空演習及萬安演習預防戰爭發生的損失；貨運公司於長程載送前，先行檢修載送車輛以防運送途中車輛拋錨，影響任務達成；印刷廠定時保養設備，以防機器損壞無法接單。管理者進行事前控制的要點，在於盡可能地蒐集環境變動的資訊，預先思考執行任務的過程中可能遭遇的難題，先行沙盤推演，事先擬定解決之道，才能確實掌握先機，防範問題於未然。

即時控制：又稱同步控制。是指工作進行當下發生問題時的緊急處理，此時最重要的是阻止問題繼續擴散、將影響範圍縮小，例如賣場有顧客發現販售的食品過期，店經理查證真有此事，為避免消息蔓延，造成公司重大損失，店經理進行即時控制，立刻出面致歉，同時將過期品下架，並贈送顧客禮券吸引再次光顧。又如休閒食品公司的行銷部經理，獲悉公司正在推行的果汁行銷專案銷量不如預期，行銷部經理深入了解後，發現影響銷量的實際原因，是近來醫學報告指出部分市售果汁含糖過高，有礙健康，導致消費者購買意願降低，於是他連忙調閱公司所產果汁的檢驗報告，確認並未過量後，便緊急於賣場張貼檢驗報告以消除消費者的疑慮，控制產品銷量繼續下滑的損害。由此可知，管理者進行即時控制的重點在於隨時監控任務狀況，以掌握詳實的即時資訊，使問題發生時能立即獲得舒緩，予以改正。

事後控制：又稱回饋控制。是指處理工作已經執行完畢後所發生的各種問題，因為結果已然形成，因此事後控制的重點是找出導致錯誤的確切原因，重新檢討任務運作方式，提出改善之道避免錯誤再次發生。例如某3C產品經理預期熱賣的新型手機，上市後實際的銷售表現卻不佳，因而採取事後控制。深

事前、即時、事後控制

問題發生前	問題發生時	問題發生後

時間軸 →

事前控制

在任務運作之前，事先蒐集資訊，預測可能發生的問題並擬定對策。

目的 可預防錯誤，且避免真正發生狀況時措手不及。

管理重點 ▼

管理者應掌握環境變動，盡可能蒐集足夠資訊，才能確實預防問題。

實例 ▼

聖誕節即將來臨，民眾購物狀況熱絡，大賣場可能有商品庫存不足、品質不佳的狀況發生。

事前控制做法
店長為避免問題發生，事先親自確認商品庫存並抽查品質，防止缺貨狀況。

即時控制

問題發生當下立刻糾正，阻止問題擴大。

目的 使已發生的損失最小化。

管理重點 ▼

管理者應隨時掌握任務狀況，即時回應。

實例 ▼

中秋節到了，民眾再度湧現賣場，雖然商品種類多樣且齊全，但不少民眾發現瑕疵品。

即時控制做法
店長得知問題後，為免擴大事端，立即出面致歉並全額退費，同時指示將瑕疵品出產廠商的商品全面下架。

事後控制

任務已經執行完畢後，對於執行時所發生的問題或錯誤提出檢討，以供改善。

目的 了解問題發生原因，做為下一次計畫的參考。

管理重點 ▼

將進行任務時所蒐集到的資料加以分析，判斷問題的產生原因。

實例 ▼

過年時許多民眾湧入大賣場辦年貨，但店家臨時補貨不及，不僅顧客抱怨連連也損失許多生意。

事後控制做法
為避免存貨不足的狀況再次發生，店長指示，日後如遇年節庫存需加倍，並舉辦民生用品降價促銷，吸引顧客回籠。

入檢討後，產品經理發現新型手機的使用介面不夠人性化，消費者的使用經驗不佳導致銷售不如理想，故提出產品精進計畫，做為日後產品改良的指引。不同於事前控制可預先防錯、即時控制可立即糾錯，事後控制已無法改變錯誤或損害的發生，但其優點在於已有明確的錯誤案例可供檢討，事後可蒐集的資料也最為完備，利於分析、判斷問題的產生原因，做為管理者改良相同工作的依據。

以五大企業機能做為控制要點

進行控制時，也可以從活動相關的橫向機能來切入。一般而言，一個完備的組織具有生產、行銷、財務、人力資源及資訊等機能，各自掌管不同的功能領域，進行的活動也有所差異，因此管理者的控制重點不盡相同，分述如下：

生產：企業在生產過程中，會有採購原物料、製造產品、確認品質等環節，當原物料貨源穩定、生產成本低、產品品質佳，才能銷售產品營利，因此，對應的控制要點包括了掌控原物料、拿捏成本及確保品質。這三大面向皆很重要，不可偏廢，例如為了降低成本而使用低價劣等的原料，或是忽略機器設施必要的保養，這都會導致產品品質下滑，因此管理者控制生產的原則就是在成本與品質間找到最佳的平衡。

行銷：企業生產的產品必須透過良好的銷售模式，才能讓商品抵達顧客手中。行銷機能包括了產品定位、產品訂價、通路選取、規劃促銷活動、服務客戶……等。管理者控制行銷的根本原則為，提供符合顧客需求的產品，同時兼顧企業利益與創造企業良好形象。因此要讓行銷可以發揮最大的功效，控制焦點便在於，透過市場調查確知客戶需求、了解業界相似產品的價格區間以選擇合適的定價、考量鋪貨管道是否合乎消費者購物習慣、透過顧客意見調查獲悉銷售員的服務是否專業、態度是否友善等。

財務：財務最主要的機能是為公司各項營運活動籌措、調度資金，使公司的資金不虞匱乏、償債能力正常。因此財務的控制焦點，除了確保有足夠資金可供營運外，也需靈活地操作財務槓桿，以低利借貸資金，再轉投資於其他高獲利的活動，獲取更多收益。

資訊：企業處於不時變動的環境中，諸如供應商的原料供給狀況、市場的脈動、顧客偏好、先進技術的研發與應用、政治當權派的產業觀點、社會關注的議題都是管理者需即時掌控的資訊，可幫助管理者因應時勢擬定長期目標，採取適當的策略。資訊控制的要點為確保所獲資訊的即時性與正確性，因此，在資訊蒐集時應盡量廣泛而無遺漏，並定時更新，以確保組織的

資訊不至過時或錯誤。

人力資源：適才適所的人力，是企業營運成敗的關鍵。人力資源功能的目標包括甄選適任員工、提供在職員工必要的技能、針對員工所長分派適當任務、為組織留住高績效員工等。因此，管理者進行人力資源控制的要點，在於訂定甄才標準以選任符合工作要求的新人、辦理教育訓練教導員工新知、了解員工需求並加以滿足，使員工對組織認同而更加投入工作。

不同的組織特性導致不同的控制準則

進行控制時所依據的考核標準，因應組織特性不同，會有不同的制訂方式，以獲利為目標的組織多以實際利潤為考核標準；強調標準作業流程的組織則會以符合作業規範的程度來評量；強調價值觀一致的組織則會以組織文化的力量來進行控制，即市場控制、科層控制與氏族控制等三種準則類型。

市場控制準則

市場控制是以在市場展現的效益做為員工績效的評量準則，例如以業績高低評估業務員的工作表現、以利潤多寡做為部門績效的評估標準，是一種注重結果論的控制方式，由於其概念聚焦於獲利，較不適用於非營利組織。

在市場競爭激烈、無利潤即無法生存的環境下，許多大集團將旗下各事業單位設為利潤中心，以各事業單位的獲利來評量對集團的貢獻，即是運用「市場控制」的概念。因為市場控制倚賴外部市場機制把關成果，因此不需額外在組織內另行建立其他標準，監督成本極低。然而，只重結果、不重視執行過程的績效導向控制方法，可能會使成員為達績效不擇手段，易引起內鬥與爭執。

科層控制準則

科層控制是以明確的工作定義、嚴明的規章制度來確保員工達成績效標準，員工只要依作業標準即可獲得績效。採用此種控制方法的組織包括軍隊、行政單位等強調標準化作業過程、不凸顯個人業績或創意做法的組織。

科層控制會以一套標準化的管理機制管理員工，例如軍人按表操課、輪值留守、依循軍法行事。進行控制時，由於標準嚴明、定義明確，容易評量出成員的績效，缺點在於組織需設計一套嚴格的作業程序與行事準則，管理成本較市場控制為高，且此類組織的成員在嚴密的控管下，只要依規章行事即可獲取績效，容易安於現狀、墨守成規，產生組織惰性。

氏族控制準則

　　氏族控制又稱文化控制，是指透過無形的價值觀、組織信念約束、控制員工的行為，多半被使用於學校社團、非營利組織等基於成員擁有共同的興趣、信念而集結的組織。氏族控制不像市場控制可藉由市場明確具體的實績衡量績效，亦不如科層控制有正式的規章制度和作業標準做為考評依據，而是藉由組織文化的控制力量，引導成員進行自我控制。氏族控制的優點是管理者可藉由價值觀的塑造與強化控制員工行為，使員工以組織所認同的價值觀判斷事物，自然而然地表現出管理者所期待的行為，無須花費過多控制成本；缺點為則為藉由組織文化來塑造、改變一個人的信念需要花費很長的時間，無法取得立竿見影之效。

市場控制、科層控制與氏族控制

	市場控制	科層控制	氏族控制
說明	以市場機制決定績效高低，管理者依據每個員工或每個事業單位為組織創造的利潤評量表現。	以嚴密的層級體制、明確的工作規範控管成員的行為。	為員工建立組織認同的價值觀，使其自我控制，自動表現出組織可接受的行為。
優點	由市場機制來引導績效，組織不需另外訂定目標，控制成本最低。	員工有明確的作業準則，管理者可輕易掌控績效。	管理者相信員工的價值判斷，因此會授權員工自行制訂決策，控制成本較低。
缺點	績效導向的控制方法強調結果論，不重視過程，成員可能為達目的不擇手段。	員工一律依作業標準行事，長期組織會缺乏創造力，產生組織惰性。	塑造一個人的信念需要花費很長的時間，因此氏族控制的效果無法立竿見影，短期對組織幫助有限。
適用組織	強調市場競爭、以獲利為目標的組織。	依賴標準的行政規定與作業程序確保成員依規定行事的組織。	成員因為有共同的興趣、價值觀而組成的組織。
實例	大集團將旗下的事業單位設為利潤中心，各單位自負盈虧，以對集團的貢獻度評量績效。	軍隊的管理體制強調紀律嚴明，貫徹條令。	學校社團與非營利組織的成員是因為擁有共同的興趣或信念而集結，因而採氏族控制。

控制的情境因素

組織在選擇控制機制時，應考量控制所處的情境，包括組織規模、組織文化、分權程度、活動重要性等，依此調整控制機制，才能符合組織的實際需求，使控制機制發揮更大的效能。

組織進行控制時應考量情境因素

不論組織依據時間點、企業機能或是組織特性施行控制，皆需進行「設立標準」、「衡量績效」、「比較績效與標準的差異」、「修正偏差」等四大步驟。然而，因應每個組織不同的目標，所需的控制機制也應有所不同，一般而言，管理者會視組織規模、組織文化、分權程度、活動重要性等四大情境因素設計組織的控制機制，分述如下：

四大情境因素

組織規模：進行控制時應隨組織規模的大小調整控制作為。當新公司剛成立時，組織規模小，員工人數少，大多是彼此認識的親友所組成，管理方式較個人化，非常彈性。由於成員多半具有相似的理念，對組織事務參與度高，能自動自發完成任務，因此不需正式的制度規範員工行為，控制方法強調機動性，於問題發生時再立即反應、改正工作方法，常採取即時控制。相對地，組織規模擴大時，顧及整體的運作效率，管理者會開始擬定統一的作業準則，事務皆須遵循正式的規章制度辦理，彈性較低，控制更為嚴謹，適合採取事前及事後控制。

組織文化：當組織文化強調開放、分享與價值時，員工會主動達成任務，追求自我實現，此時主管可以授權員工自主，採取自我管理，建立較具彈性的非正式控制，控制方法偏向氏族控制；反之，組織文化較保守時，管理者會希望成員依據規章、程序進行作業，因而建立一套嚴密、正式的控制體系，控制方法偏向科層控制，而非仰賴員工的自我控制。

分權程度：分權是相對於集權的概念，皆用以形容管理者對於權力的掌握程度，當管理者信任員工，願意將權力向下授予時，稱為分權程度高，亦即集權程度小，代表管理者相信員工具備妥善處理事務的能力，通常是員工的價值觀與組織信念相符，故可做出符合組織利益的判斷，較偏向氏族控制；反之，當管理者集大權於一身，要求成員凡事向上呈報時，稱為分權程度低，亦即集權程度高，此時管理者會依本身的信念制訂一套標準作業原則，要求員工奉為圭臬，嚴密確保各項任務皆依循管理者的理念進行，控制方法偏向科層控制。

活動重要性：任務的重要性愈高，表示執行上稍有偏差，便可能帶給組織嚴重的影響，此時適合採取嚴密、全面的控制，並預先設想各種可能的突發狀況，因此適合採事前控制的方式防範未然；當任務的重要性較低，對組織整體影響小時，管理者可省下精力，以較不嚴密的控制機制處理，不需事先沙盤推演的事前控制、也不需採即時蒐集資料的即時控制，而適合事後再檢討執行成果的事後控制。

影響控制系統的四大情境因素

情境因素	所屬情境		適用的控制方式
組織規模	規模小	員工人數少，對組織事務參與度高，能自發地完成任務。	●**較具彈性**：偏向個人化、非正式的管理。 ●**即時控制**：出現問題時管理者再立即修正。
	規模大	員工人數多，需仰賴正式的規章制度進行管理。	●**不具彈性**：控制機制比照制度規章辦理，所有員工一視同仁。 ●**事前控制、事後控制**：為問題預做準備、且事後檢討修正。
組織文化	強調開放價值	信任員工，給予員工發揮的空間，較少運用正式規章管理。	●**氏族控制**：授權員工自主，培養成員自我管理、自我控制的能力。
	強調奉命行事	依賴正式的規章制度進行管理。	●**科層控制**：以嚴密的上對下控制體系確保任務達成。
分權程度	程度高	高層管理者將決策權授予基層人員。	●**氏族控制**：員工的價值觀與組織信念相符，管理者可以放心授權員工處理問題。
	程度低	高層管理者全權負責決策。	●**科層控制**：管理者大權在握，為確保任務皆依循其理念進行，會建立一套作業準則，要求員工奉為圭臬。
活動重要性	程度高	一旦發生偏差，會使組織遭受極大損失。	●**事前控制**：事先沙盤推演，以應變各種可能的突發狀況。
	程度低	有偏差時組織付出的成本不高。	●**事後控制**：可於事後再檢討成果。

有效控制系統的制訂與特性

管理者在設計控制系統時，必須依據組織的目標與特性、所處環境因素制訂適當的控制系統。當控制系統符合正確性、時效性、經濟性、合理性、彈性、簡單明瞭、例外管理、多重標準、與回饋修正等九大特性時，才能真正發揮控制效能。

哪種控制系統最適合我？

控制類型有以時間區分、以企業機能劃分，甚至依據不同的組織特性可延伸出市場、科層與氏族控制等三種控制型態，管理者應考量組織目標與組織規模、組織文化、分權程度與活動重要性等四大情境因素，設計適宜的控制系統，而鑑於每個組織的目標不同、所處的環境有異，組織的控制系統必然有所差別。管理者在設計控制系統時，需了解諸多控制方式的選取，考量的觀點其實與權變理論不謀而合，也就是：「沒有最佳解，只有滿意解」，沒有最好的控制機制，只有最適合的控制方式，因此每個組織適合的控制系統不見得相同，好比每個人自我控制的方式也不一樣。

有效控制系統需具備的九大特性

建立的控制系統時，為了確保控制系統適合組織，可鞭策成員達成最終目標，必須檢視控制系統是否符合以下九大特性。九大特性兼具的控制系統才可被視為最適合組織的控制方法。

①**正確性**：意即控制系統所提出的資訊必須是正確的，例如依據事先制訂的評量標準所提供的實際績效不能有錯誤。由於控制系統的第一要務就是針對實際績效與理想目標的落差進行改善，因此，控制系統首重資訊的正確性，才能確知實際績效為何，產生的落差有多大，以便評估之後的改善作為。錯誤的資訊不僅會使控制機制失去意義，更可能造成錯誤的管理決策。

②**時效性**：是指必須能適時提供資訊，例如在錯誤發生時立即提示管理者。由於修正動作講求即時性，組織活動發生錯誤時，愈快發現問題並加以解決，組織的損失就愈小，因此有效的控制系統必須能夠即時發出警訊。

③**經濟性**：意即控制系統必須符合經濟效益。建立一套完整的控制系統花費可觀，管理者應權衡建立控制系統的成本，與可能帶來的利益，當控制系統所發現的錯誤經改善後所得的效益大於建置成本時，代表符合經濟效益，應建置控制系統。

④**合理性**：指的是評估的標準與改善作為必須合理且確實可達到。若評估標準不夠合理，就無法

有效控制系統的特性：以出餐系統為例

 實例 經營速食店最大的目標，就是「在短時間內創造出美味的食物」，店經理凱洛最近正好更新了出餐系統，並以九種有效控制系統的特性評估新的出餐系統是否有助於達成目標。

新的出餐系統	有效控制系統的特性

為了在短時間內提供顧客美味佳餚，凱洛仔細了解每種食物的製作流程與時間，規劃出正確的出餐系統。

正確性
所提供的資訊必須正確無誤。

新的出餐系統增加了舊系統所缺乏的功能：在每個工作的重要環節會自動閃耀警示紅燈，如設定薯條油炸5分鐘，時間一到油炸區就會亮起紅燈提醒工作人員。

時效性
控制系統能適時提供資訊。

凱洛評估舊的出餐系統問題重重，顧客等餐時間過久，食物也常錯過保存期限，新的出餐系統共需花費10萬元，但可解決以上所有問題，是相當值得的投資。

經濟性
控制系統需經成本考量，以符合經濟效益。

合理性
控制標準必須合理、可達成。

為了確保食材處理得當，凱洛將各工作區的警示燈亮起次數納入工作表現的指標，此外，服務態度、顧客抱怨次數也都是績效評比項目。

多重標準
控制標準應多元化，不採單一標準避免偏差。

為因應週休假期龐大的用餐需求，出餐系統設置了新功能，週休假期會提升安全庫存量，星期一至五則回歸正常標準。

彈性
應能隨時反應環境的變化。

新的控制系統操作介面更講求人性化，商品標示明確，字體容易辨識。

簡單明瞭
必須讓使用者容易了解。

中秋假期新系統依預設提高安全庫存，假期結束後系統顯示過期食材變多了，凱洛追究原因，發現中秋節家家戶戶團圓烤肉，速食的需求量甚至比平日還低，導致庫存量明顯過多，凱洛趕緊調整系統設定，將風俗民情也納入考量。

例外管理
應能指出異常情形，使管理者得以察覺。

新系統增加了預警機制，會主動提示凱洛哪些商品庫存過低，以便及早補貨。

回饋修正
應能建議管理者適當的改正措施。

衡量出實際的執行績效、採取適當的改善措施,如此一來,不但無法對達成目標有所助益,甚至會打擊員工的士氣而產生反效果。

⑤**彈性**:是指控制系統必須因應環境與組織的變化隨時調整,特別是產品具時效性的產業,如資訊業,由於產品價格會因應推出的時間而遞減,控制系統評估銷量的標準也應有所不同,使管理者獲知最切合環境的訊息。若控制系統的標準不變,便容易出現錯誤的訊息,影響系統的正確性。

⑥**簡單明瞭**:有效控制系統的控制機制必須簡單易懂,讓使用者能輕易明白其控制原則,提高成員遵循的意願。

⑦**例外管理**:設置控制系統的目的有二,一為確保日常工作運行正常,可透過正確、合理的衡量標準完成檢核;二為發現例外的異常狀況,以警示管理者深入了解異常原因,排除障礙,故一個優良的控制系統必須具有察覺異常、針對異常發出警訊的功能,幫助管理者啟動例外管理的機制。

⑧**多重標準**:達成任務經常需要具備多種技能,績效的展現也往往不能從單一面向加以評斷,因此控制系統的衡量標準應盡求多元、客觀,例如評量團隊成員的個別表現時,除了考量團隊績效外,也應同時評估個別成員對團體的貢獻度,如投入時間、會議中的發言次數等,以多重標準更周全地衡量績效水準,才能對任務有更加全面的掌控。

⑨**回饋修正**:良好的控制系統不應只會指出錯誤,還必須能積極地提出改善之道等補救措施,以期在修正做法後,能提升組織績效,達成目標。

全面品質管理

組織即使已從個別人員或部門進行控制，有助於任務方向的導正，卻不能確保組織整體形象與產品品質的提升，而「全面品質管理」就是藉著推動一套能整合各部門成員的權責與任務之管理方法，使產品品質乃至企業形象全面精進。

什麼是全面品質管理？

過去，「品質管理」是生產部門進行控制的重大目標，品質控管的做法是針對生產部門加強訓練、定期保養機械設備，以降低產品不良率為原則。因此產品出現品質不良時，常歸咎於生產部門的控制功能不彰，例如產品的瑕疵是生產作業員的疏忽，產品未能如期交貨則是作業員工作怠慢。然而，隨著時代演進、消費者意識抬頭，顧客不再被動地接受廠商提供的商品與服務，而是主動要求企業提供更符合需求的產品，舉凡人員的服務態度、員工的作業精神、顧客滿意度皆成為消費者是否購買產品的考量，因此品質控管的指標從過去的「高良率」躍升至「整體優良形象」，產品品質的好壞不再侷限於生產部門的控制目標，而必須靠組織所有人員參與控制，建立出全體重視品質的企業文化。

品質改善方法①：品管圈

要達到全面品質管理的效益，可從建立「品管圈」與採用「PDCA循環」著手。「品管圈」是組織以改善品質為號召，集合各相關部門成員進行討論，共同凝聚出得以落實全面品質管理的做法。通常，管理者會召集各部門代表成員，共約十至十二人組成「品管圈」，每個月定期召開一至兩次聚會，由每個「品管圈」成員針對品質改善的各個面向提出個人意見，例如，採購部門能否在有限的預算內精選優良的原物料？生產製造員的作業是否依照標準流程？行銷部門能否即時反映市場銷售狀況？資訊部門是否定期更新顧客資料？客服部門能不能在第一時間解決顧客問題？……等，將這些平常獨立運作、互不相關的作業，透過品管圈的跨部門討論中彼此串連，由成員共同商討、集思廣益，找出讓品質改善的方法。品管圈的成員需在會後將改善

全面品質管理的創立者：戴明博士

一九四〇年代，美國戴明博士提出有關「全面品質管理」的概念，強調需以全體成員的通力合作來達成品質提升的目標，但由於美國當時正風行科學管理學派，因此並未受到迴響。一九五〇年代，戴明將品質管理概念帶入日本，協助日本產業界採用品質管理的方式來重塑企業，使得日本高素質的產品得以立足國際，而他的豐功偉業回傳美國後，使得原本不支持他的美國人也開始對他另眼相看，終於獲得國際性的認同，享譽全球。

品質的做法帶回所屬部門告知同仁，並於日常作業中修正做法，使品質改善、提升的目標能在各部門整合運作下真正落實。

品質改善方法②：PDCA循環

戴明博士提出了「PDCA循環」，又稱「戴明循環」，認為透過重複的規劃（plan）→執行（do）→檢核（check）→處理（action）四個步驟可以促進品質不斷提升。

●規劃：對現況加以分析後，找出品質不如預期的原因，做為行動目標，據此擬定品質改良計畫。

●執行：依據計畫展開相關活動，並記錄執行情況。

●檢核：比照實際績效與期望的目標，了解品質改良計畫的執行成果。

●處理：對檢核的結果進行處理，若已達成效則繼續進入下一個提升品質的PDCA循環；若發現未達目標，則找出問題所在，做為下一個PDCA循環需進行改善的目標。

PDCA循環隨四個步驟進行，若一個循環結束後，只達成部分目標，則部分未解決的目標會成為下一個PDCA循環的改善標的，務求品質問題被徹底解決。即便問題被完全改善，PDCA循環也不會就此終止，而會挖掘新的品質問題，再進行下一個PDCA循環，成為一個周而復始，不斷達成目標、邁向新目標的過程。

傳統品質觀點vs.全面品質管理

傳統品質觀點		全面品質觀點
認為品質是指產品本身的優劣，是生產部門的責任，由生產部門進行控制。	品質管理責任	認為所有作業都與品質相關，全體人員都應致力於品質提升。
消費者被動接受廠商提供的商品與服務。	消費型態	消費者主動要求廠商提供符合需求的產品。
使用方便、耐久可靠。	品質認知	使用方便、耐久可靠之外，諸如人員的服務態度、員工的作業精神、顧客滿意度等整體形象也有所要求。
以更新機器設備、訓練作業員確保產品良率。	品質改善方法	●建立品管圈，召集跨部門會議共同商討品質議題。 ●利用不斷重複PDCA四個步驟的循環改善品質。

PDCA循環

處理A
已達目標→繼續下一階段的計畫。
未達目標→確認問題，做為下一階段改善的目標。

計畫P
先分析現況，找出偏差原因，據此擬定計畫。

開始循環

檢核C
將結果與計畫目標進行比對，了解執行績效。

執行D
依據計畫展開行動，並記錄執行情況。

PDCA循環會不斷朝下一個階段向上推進。

品質不斷提升

品質不斷提升

高

目標達成水準

低

時間

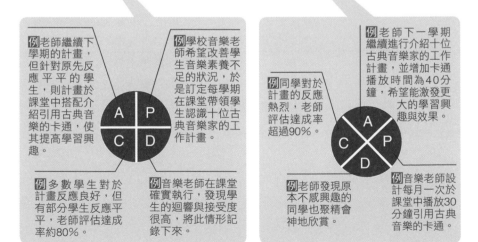

例老師繼續下學期的計畫，但針對原先反應平平的學生，則計畫於課堂中搭配介紹引用古典音樂的卡通，使其提高學習興趣。

例學校音樂老師希望改善學生音樂素養不足的狀況，於是訂定每學期在課堂帶領學生認識十位古典音樂家的工作計畫。

例多數學生對於計畫反應良好，但有部分學生反應平平，老師評估達成率約80％。

例音樂老師在課堂確實執行，發現學生的迴響與接受度很高，將此情形記錄下來。

例老師下一學期繼續進行介紹十位古典音樂家的工作計畫，並增加卡通播放時間為40分鐘，希望能激發更大的學習興趣與效果。

例同學對於計畫的反應熱烈，老師評估達成率超過90％。

例老師發現原本不感興趣的同學也聚精會神地欣賞。

例音樂老師設計每月一次於課堂中播放30分鐘引用古典音樂的卡通。

其他重要的管理理論

隨著環境變遷，組織發展型態愈趨多元，管理理論亦不斷推陳出新，以因應實務界的需求。其中，最具代表性的當屬出自麥可・波特的「競爭策略」，以提倡降低成本、差異化、集中化等切合實務的觀點，歷經二十多個年頭而不衰，深受企業界認同。「虛擬企業」理論則是探討網路興起導致企業經營模式的改變。「標竿管理」與「學習型組織」理論的出發點相似，兩者都強調「學習」是組織成長與創新的來源，而「知識管理」則是幫助組織學習的管理系統。最後，「平衡計分卡」帶領組織追本溯源，從組織的使命與願景出發，以兼顧內外部觀點的四大構面，將願景轉化為策略，策略落實為行動方案，達成管理真正的目標。

■ 競爭策略有哪三大類型？

■ 企業如何建構成本優勢？

■ 獨特的產品比較貴嗎？

■ 什麼是虛擬企業？虛擬企業真實存在嗎？

■ 何謂垂直整合？何謂垂直分工？何謂虛擬整合？

■ 什麼是標竿管理？

■ 學習型組織的中心思想為何？

■ 建立學習型組織有哪五項修練？
■ 知識也可以被管理嗎？

■ 知識有哪兩大類型？如何創造新知識？

■ 何謂平衡計分卡？平衡計分卡有哪四大構面？

■ 平衡計分卡是策略管理還是績效管理的工具？

競爭策略

每個企業都需要為組織的長期目標訂定一套最有利的策略，管理學者麥可‧波特於一九八〇年提出「競爭策略」，以企業本身的競爭優勢為基礎，同時衡量組織可投入的市場大小，幫助企業確認目標與策略，對學界與業界貢獻良多，波特也因此被票選為最具影響力的策略大師。

「競爭策略」的基本概念

進行策略規劃時，管理者會以企業的使命及願景為藍圖，根據外部環境分析得知可利用的機會、應趨避的威脅，以內部環境分析估算組織內部的資源與能力應為優勢或劣勢，進而訂定出最能凸顯企業競爭優勢的策略。麥可‧波特歸納指出，企業創造優勢不外乎兩種途徑：一是成本比競爭者更低，以擴大獲利空間；二是推出具有特色、能滿足特定顧客需求的產品，以本身獨特的功能或優異的品牌形象爭取客戶認同。基於這兩項優勢型態，波特進一步提出企業可運用的三種競爭策略：成本領導策略、差異化策略及集中化策略。

成本領導策略

成本領導策略是指企業以比競爭對手低的成本生產產品，以爭取更大的獲利空間。採用此策略的企業，首要目標便是成為相同產業中最低成本的製造商，由於成本最低，利潤較高，降價的空間也比同業多，因此在相似產品中最具價格優勢，往往可以透過降價促銷搶奪市場占有率。為了降低成本，企業常採以下幾種做法：

a擴大經濟規模，利用大量生產降低產品的單位成本。b以購併或策略聯盟等方式垂直整合上下游廠商，降低原物料的供應成本和配銷成本。c研發突破性的獨家生產技術使生產成本得以降低……等，皆有助於建構成本優勢。

差異化策略

「差異化策略」是以產品的獨特性做為營運策略。當企業所推出的產品獨一無二、對手難以模仿時，即使產品價格較同類商品為高，其與眾不同之處仍能吸引顧客購買。不同於採取低成本策略的廠商，採差異化策略的企業憑藉著產品的獨特性，往往可以訂定較高的價格。以下兩種方法有助於達到差異化的目的：a品牌形象：以經營鮮明的品牌形象來塑造差異化。品牌可以傳達公司的經營理念與企業精神，優良的品牌形象可促進消費者對產品產生信任，而願意為了高品質支付更多金額。b獨家產品或服務：擁有競爭者無法複製的獨家產品也可以創造無可取代的市場地位，例如出自名家之手的藝術品、獨家代理權等。

集中化策略

　　成本領導策略與差異化策略皆是在廣大市場中尋求優勢，集中化策略則是指專注於特定市場區隔，如經營某一特定客群，或是特定地域的策略。採取這種策略的企業通常握有的資源較少，無法大規模地襲擊廣大市場，為了達成較佳的經營效率，他們選擇避開沒有把握的競爭場域，將所有資源投入小範圍的特定市場中，建立自己的利基，不隨波逐流。

　　集中化策略又分兩種形式：一種是在特定市場中成為成本相對低廉的公司，為「集中一低成本策略」，例如在整個量販市場中，大潤發量販店專注經營台灣北部市場，一方面以大量進貨降低成本，一方面鎖定北部消費族群，兼顧低成本與專營特定市場的策略內涵；另一種則是在特定市場中建立與眾不同的地位，稱為「集中一差異化策略」，例如捷安特推出專為女性設計的折疊腳踏車，一方面以優良品牌形象吸引顧客購買，一方面聚焦於女性市場，同時達成差異化與專攻特定市場。

三種競爭策略

	低成本	優勢來源	產品具獨特性
整體產業	**成本領導策略** 目標：成為產業中最低成本的廠商。 做法：●以規模經濟減低生產成本。 　　　●垂直整合上下游廠商免除交易成本。 　　　●研發可降低成本的生產技術。 **實例** 不像同業需向其他供應商進貨，鴻海企業自製生產所需的零組件，配合規模經濟，降低原料取得成本。		**差異化策略** 目標：提供顧客獨特、無法取代的商品，可提高產品附加價值。 做法：●建立良好的品牌形象。 　　　●提供獨家商品。 **實例** 戴爾電腦體察企業用戶的需求，不仿照同業一貫將電腦軟硬體分開銷售，而依照顧客所需為其安裝軟體，電腦送達即可使用，得到許多企業客戶的認同。
特定市場區隔	**集中一低成本策略** 目標：公司以成為特定目標市場中成本最低的廠商為目標。 做法：●縮小所經營的市場範圍。 　　　●採取同成本領導策略的做法。 **實例** 只專注於速食業的麥當勞因據點眾多，擁有採購上的規模經濟，進貨成本相對低廉。		**集中一差異化策略** 目標：公司以獨特的商品滿足特定目標族群的需求。 做法：●縮小所經營的市場範圍。 　　　●採取同差異化策略的做法。 **實例** 華碩在筆記型電腦市場中，推出頂級產品，以特選的真皮手工縫製在電腦表面，凸顯高貴客群的尊榮地位。

競爭範圍

虛擬企業

日新月異的資訊科技改變了傳統的企業經營方式，許多企業過去為了降低交易成本，進行「垂直整合」併購上下游廠商，但過程卻耗時又費力，現隨網際網路的普及，產業的上、中、下游廠商可以透過網路彼此緊密串連，成為虛擬世界中一家不分你我的大企業，即為「虛擬企業」的概念。

隨網路新興的管理概念

二十世紀九〇年代網際網路的發明，改變了人們傳統的生活型態，創造出一個突破時空限制的虛擬世界，企業也開始應用網路科技提升營運效率，諸如利用網路建立虛擬通路、打造電子商城，連人際溝通也被電子郵件所取代，對此，企業管理實務上出現了「虛擬企業」的概念，亦即企業本身，也可利用外包分工再以網路整合成果。

虛擬企業改變企業經營方式

傳統的企業經營是以「垂直分工」或「垂直整合」兩種方式進行。「垂直分工」是指公司不跨足上下游業務，只專注於本業，將產製過程的非核心事項交由專精的廠商負責，彼此合作將產品推至市場，因此，公司與公司間需耗費龐大溝通成本；「垂直整合」則是一個大型企業將上中下游工作全數整合入企業體系，確保各階段的工作順暢銜接，可去除向上游採購原料、向下游爭取經銷通路的成本，取得更高利潤。

然而，垂直整合除了必備龐大的整合資金外，還要具備經營上中下游不同屬性工作的核心能力，難度很高，能實行的企業也相當有限。所幸受惠於網際網路的普及，「虛擬企業」讓「垂直分工」與「垂直整合」兩種涇渭分明的傳統經營方式在網路平台上找到契合的方法，塑造出前所未有的「虛擬整合」。

虛擬整合

「虛擬企業」進行「虛擬整合」的做法，是將原本分散於各地、隸屬產業上中下游的單一企業，透過網際網路使彼此緊密相連，例如導入供應鏈管理系統連結上游供應商，以即時更新存貨狀況；引進顧客關係管理系統結合下游經銷商的內部資訊，以隨時掌握產品銷售狀況……等，便於彼此結盟、協商合作，宛如一家功能齊全的大型企業。虛擬企業仰賴網路的方便性與即時性，不需付出龐大的資金成本，眾多廠商即可以資訊科技即時協商溝通，獲得有如垂直整合一般的溝通效率，降低交易成本，而各種功能互補的相關廠商在

虛擬企業的概念

傳統經營方式

垂直分工

企業只專注於產業上、中或下游業務,不跨足所有業務。

優點: 企業只需發展本身業務所講求的核心能力,資金投入少,風險較低。

缺點: 上中下游的銜接需耗費較大溝通成本,侵蝕獲利。

垂直整合

企業一手包辦產業上中下游業務。

優點: 可以確保各階段的工作銜接密切,減少溝通成本。

缺點: 需要龐大的資金且需具備不同領域的核心能力,難度較高、風險較高。

↓ 網路科技

虛擬整合

利用網路的方便性與即時性,連結產業上、中、下游等功能互補的相關廠商。

↓ 形成

虛擬企業

● 個別公司可以專注於自己的核心業務,非核心工作則以外包處理。
● 公司間以網際網路彼此串連,即時溝通協調,宛如一家功能齊全的大企業。

以汽車產製過程為例

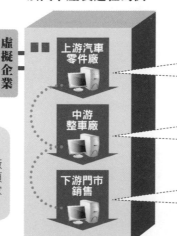

虛擬企業 ─── 上游汽車零件廠 ┈┈ 汽車零件廠專注於核心業務─零件製造。

中游整車廠 ┈┈ 整車廠專注於核心業務─進行汽車裝配。

下游門市銷售 ┈┈ 汽車銷售商專注於核心業務─銷售汽車予消費者。

虛擬整合

利用資訊科技與外包廠商溝通協調,整合各項業務,使三者宛如一家虛擬企業。

虛擬整合下，依然坐擁不同核心能力，各自專注於產業上、中或下游業務，展現垂直分工的合作模式，實現了企業以低成本整合產業各項活動的理想。

舉例而言，A公司經營產業上游業務、B公司屬於產業中游、C公司隸屬下游，A、B、C這三家獨立自主的公司原本互不相干，但網際網路的發達，讓他們可以輕易和彼此接觸，降低了溝通成本，加上網路資訊透明化減少了合作風險，三家公司開始討論聯盟事宜，由C公司接觸消費者，爭取訂單，再將訂單上傳給B公司，最後由A公司進行生產製造，雖然產品傳遞到顧客手中共經手了三家企業，但拜資訊科技之賜，A、B、C三間公司可以在低廉的溝通成本下密切往來，就好像隸屬同一企業。

標竿管理

從各個領域的成功模範身上，管理者可以觀察到自己所欠缺的優良工作方法、工作經驗，找出值得效法的部分做為自我改良的標竿，以激勵組織提升績效，這就是「標竿管理」的基本觀念。

標竿管理的概念

「標竿」最早指的是地理研究中用來測量相對距離的參考點，在這裡則是指學習、效法的對象。標竿管理是在七〇年代因許多日本企業模仿其他企業的成功經驗，改善了產品品質與製造流程而興起。美國全錄公司發現之後，便以日本影印廠商為學習標竿，達到提升績效的目的，自此「標竿管理」便成為管理學的重要概念，是指企業為了提升績效，以表現卓越的公司做為模範，有系統地學習其過人之處並加以改善，強化本身的競爭優勢。

標竿管理的實際做法

一般而言，管理者在發現自己的專業知識、技能或經驗有所不足，需要有系統地學習他人成功之處時，就可以採行「標竿管理」。此時管理者會建立一個標竿管理規劃小組，確認需進行標竿管理的項目，並找出合適的學習對象進行分析，了解成功者與自己的績效差距，與造成差距的原因。釐清被學習者的成功關鍵後，就可以訂立學習的行動計畫，並付諸執行，使組織的績效表現能趕上、甚至超越學習對象。

三種學習對象

管理者進行標竿管理時，學習對象可以由組織內部擴展至同業、進而再延伸至其他產業，使學習的範圍愈來愈多元。根據學習對象的不同，標竿管理可分為以下三種類型：

●**內部標竿**：指管理者可針對自己不足、想要改善的部分，學習組織內其他部門的優秀之處，特別是大型的跨國企業，旗下有許多分公司或事業單位分布各處，成員可藉由比較其作業效率、作業方法，找出「最佳作業典範」，分析其成功原因做為學習指引。

●**競爭標竿**：所謂「知己知彼，百戰百勝」，競爭標竿就是以同產業的領導廠商為學習對象，蒐集其工作流程、產品特性等資料，並加以學習，希望可以拉近彼此的距離。由於面臨的產業環境相同，對手的動靜會直接影響本身的營運績效，因此培養足以與其匹敵的優勢格外重要。競爭標竿的案例常見於許多產業，如某電視台推出的選秀節目大受觀眾歡迎，收視率位居領

先，其他電視台眼看著收視率節節敗退，也紛紛跟進推出相似節目。

●**功能標竿**：是指分析其他產業卓越廠商的成功關鍵，並學習將這些優勢整合到企業本身的作業流程中。功能標竿跨越了產業疆界，使學習的對象更加廣泛，不論產品為何，不論產業為何，只要可促進企業成長，就有學習之處，這種突破性的思考方式可以刺激組織不斷創新，儘管資料的蒐集、做法的移植皆較為困難，但最值得長期投資。

標竿管理

標竿管理

管理者將各領域成功者的工作流程、產品特色等優勢,做為學習的標竿,使組織的績效可以得到提升,強調「見賢思齊」的觀念。

Step1 成立標竿管理規劃小組	Step2 蒐集資料	Step3 分析資料	Step4 訂定行動計畫並執行
管理者成立專門小組,其任務為確認組織需進行標竿管理的項目,並選擇表現優秀的學習標的,以決定需蒐集的資料為何。	針對本身欲改進的部分,如成本控制、作業流程等,蒐集學習對象如何達到成功的相關資料。	藉著資料的分析,找出績效有差異的原因為何,了解其成功的關鍵。	訂立一個學習的行動計畫,並付諸執行。

三種學習對象

1 內部標竿

學習組織內不同部門或各國分公司作業流程的優秀之處。

實例:台鐵在各地車站舉辦「最佳服務人員票選活動」,希望選出服務楷模做為其他員工的借鏡。

2 競爭標竿

學習同產業內競爭對手的產品特色、工作方式等。

實例:A便利商店引進御便當主攻外食族,業績竄升,於是B便利商店也立刻跟進,推出相似產品。

3 功能標竿

指學習不同產業中表現傑出企業的營運模式或經驗。

實例:大賣場學習軍方的後勤管理方式,引進全球定位系統控制存貨。

學習型組織

處在不停變動的環境中，組織必須增進適應、革新的能力。帶領員工共同成長的「學習型組織」，就是就藉由團隊共同學習的方法來激發成員潛能，在更新思維的同時，構思出因應環境變化、調整營運策略的各種創見，進而推動組織持續創新與進步。

什麼是學習型組織？

組織處於不斷變動的環境，若無法適應、求新求變，勢必會喪失競爭力。「學習型組織」的概念，就是以「學習」為中心思想，主張管理者必須建立一個持續學習的組織文化，抱持「學習是創意起源」的理念，以新知識活絡思想，促使員工自我成長、激發各種創意，幫助企業快速回應動態的競爭環境，以創造力掌握未來方向。「學習型組織」的實務做法，是由美國麻省理工史隆管理學院的教授彼得‧聖吉所提出，他倡導組織通過「五項修練」的考驗後，便能成為學習型組織，激起企業界廣大的迴響。

第五項修練

彼得‧聖吉於一九九〇年所出版的《第五項修練》一書提出學習型組織必經五項修練，以個人學習為起點，進而擴張到企業整體，分別為自我超越、改善心智模式、建立共同願景、團隊學習及系統思考，學習的結果將導致信念、行為及思考方式的改變，可強化組織創新與成長的能力，分述如下：

●**第一項修練：**自我超越。

「自我超越」是指不斷挑戰極限、突破現狀、超越自己。這個修練的目的是希望組織成員能先認清自己的人生目標，透過不斷地與自己對話、自問自答的過程，更了解自己內心深處的渴望，讓人生目標更加明確，進而強化個人追求願望的動力。當達成目標的慾望愈強烈，成員主動學習新知、強化個人能力的意願會愈高。藉由個別成員不斷學習，也會帶動組織整體學習，使「自我超越」的風氣從個人擴張到整體企業，促進學習型組織的運作。

●**第二項修練：**改善心智模式。心智模式如同根深柢固於個人心中的一把尺，它是由每個人獨特的後天環境與過往經驗形塑而成，如個人的價值觀、判斷是非的標準、對各種現象的看法與意見。人的思考方式、下判斷、做決定，都取決於個人的心智模式。當管理者或成員判斷有誤、做了錯誤的決定損害組織績效時，可能有兩種原因：一是資訊不足導致判斷錯誤、二是個人的心智模式與現實狀況牴觸。資訊不足容易解決，但改善心智模式卻是件大工程。在這項修練中，成

學習型組織的五項修練

自我超越

組織成員斷挑戰極限、突破現狀、超越自己。

做法：組織成員必須解自己的人生目標為何，藉由不斷釐清目標加深個人實現願望的動力。

效益：可藉由個人學習，帶動組織學習。

改善心智模式

心智模式即每個人獨一無二的思考模式與評判標準，受家庭環境、教育背景及過往經歷影響，容易落入既定模式所造成的偏見，因此個人應改善舊有心智模式才能接納異議。

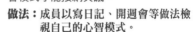

做法：成員以寫日記、開週會等做法檢視自己的心智模式。

效益：個人可開放心胸摒除偏見、接納組織其他成員的想法。

建立共同願景

個人與組織開始相互連結，建立成員共同的願望、理想與目標。

做法：透過討論與分享，將成員各自不一的願景整合塑造為組織整體的共同目標。

效益：促進成員為組織真誠地奉獻與投入。

團隊思考

透過團隊學習整合群體的智慧。

做法：諸如舉辦讀書會、研討會等分享新知。

效益：發揮個人無法達成的學習效果，激發團隊合作的創造力。

系統思考

幫助成員培養見微知著、綜觀全局的能力。

做法：即使是微小的單一事件，也應該思考背後相關聯的其他因素。

效益：可以強化每一項修練，幫助組織掌握變化、開創新局。

顧客回購率減低的原因

員應該養成自我檢討的習慣，透過每天寫日記檢視一日作息、或是每個禮拜召開週會檢討得失……等具體做法，成員得以審視自己的心智模式，避免既定模式造成偏見，進而了解並尊重他人、接納異議。

●第三項修練：建立共同願景。「自我超越」和「改善心智模式」皆著重於個人的修行，從第三項修練「建立共同願景」開始，個人與組織會相互連結，亦即成員擁有共同的願望、共同的理想與目標。雖然在第一項修練「自我超越」中，成員建立的個人目標不見得相同，但經過第二項修練「改善心智模式」，學習以更寬廣的心接納四面八方的聲音後，到了第三項修練，學習型組織便可透過成員參與討論，融會個人目標，逐層凝聚共識，最終將個體的願景整合成整體組織的理念，建立共同願景，讓所有成員都能發自內心為實現共同目標而努力。

●第四項修練：團隊學習。建立共同願景後，組織成員便可依據共同願景擬定團隊學習的目標，執行第四項修練。團隊學習的呈現方式相當多元，可透過成立讀書會、研討會、知識論壇等方式來進行，講求知識的交流、經驗的傳承，對個人而言可發揮出較個人自學更高的學習效率之外，對組織而言，也能經由團體學習的集體發想，匯集眾人的智慧，消除個人成見。

●第五項修練：系統思考。以團隊學習廣泛吸收新知後，成員才能從多種面向、以各種角度思考問題，進入第五項修練─系統思考。「系統思考」的目的，在於培養成員面對複雜問題或事件時，擺脫僅顧及單面向直線思考的缺失，而能對問題或事件做整體的考量，觀照事件背後的整體結構、各種因素及其間的互動關係，建立綜觀全局、掌握整體的洞悉力，如此便能幫助組織掌握環境的整體變化、開創新局。而具有系統思考能力的組織，還能強化前述四項修練，讓學習型組織的效益更臻完善。

■ 系統思考與「蝴蝶效應」

「蝴蝶效應」這個名詞來自物理學，是指一個微小的變動可能會造成巨大的變化，一個渺小的事件可能扮演關鍵角色，就好像一隻蝴蝶在中國北京拍動翅膀，改變了周遭的氣壓，又一波波連帶影響附近氣壓，結果造成美國佛羅里達州一個月後的暴風。彼得·聖吉在《第五項修練》書中曾以蝴蝶效應點出，組織需以系統思考認清整體環境裡每件事件互相牽動、連帶的關係，才能真正掌握單一事件的成因。

知識管理

知識經濟時代裡，組織若能將個別成員或個別部門所研發的新知識或經驗以一套完善的管理系統綜合、整理，就可使知識延續、傳承、擴散，不但可避免員工離開組織時造成寶貴的知識流失，個別知識加以整合、全面傳播下，組織的知識存量將倍速成長，有助於激發新知識，強化企業的創新能力。

知識經濟時代下的企業經營型態

「知識經濟」是指以「知識」為重心的新經濟型態，隨著科技進步，全球的產業發展已正式邁入知識經濟時代，企業的經營不再依靠「勞力」，而是以「知識」的創新來謀利。例如，過去工具機工廠的員工必須花一個月的時間塑造模具；引進創新技術後，只要一個星期就可以出貨了。因此，若企業不跳脫既定的作業流程，將逐漸被市場淘汰，唯有不斷學習新知來開創新的營運模式，才能將無形的智慧資本轉化為有形的營收成長。

什麼是知識管理？

然而，由於現有的知識繁多，且分別存在員工的個人工作經驗，或工作技術……等介面中，組織需要一套高效率的管理機制，系統性地篩選來自四面八方、看似雜亂無章的資訊，整合成跨領域的知識，因此有了「知識管理」的概念出現。知識管理是幫助企業內部知識整合、流通、加值及創新的一套管理系統，由日本的知識管理大師野中郁次郎與竹內弘高所提倡，其目的在於加速企業內部各項專業知識的分享與擴散，使組織成員能有效率地從他人身上獲取自己所欠缺的知識，增加專業能力，進而將個人累積的知識力量，轉化為組織的創新力。

勤業管理顧問公司曾對知識管理的組成構面提出一個簡潔扼要的公式：$K = (P+I)S$，其中，K是指知識（knowledge），P代表人力資源（people），I指的是資訊（information），S是分享擴散（sharing），KPIS公式明確指出，知識的創造是建立在人力與資訊的基礎上，透過知識分享與擴散，可以倍速地傳遞有價值的知識，快速累積一家企業的知識存量。若有用的知識沒能傳播、擴散，知識的價值便僅侷限於個人身上，好比行銷企劃人員擅長行銷活動規劃、業務員掌握顧客需求的偵查方法、財務人員特長於分散投資風險，各種領域的專業知識僅存於特定人員；而今透過知識管理，這些散布於專屬人員的知識得以集中整合，彼此交叉應用提升知識的價值，如行銷企

劃人員學習財務人員分散風險的概念後，將此知識應用到本身業務，從此規劃戶外行銷活動時，會考量遇到雨天機率，為降低風險，額外預定室內活動場地。

需要被管理的兩類知識

知識管理的重要基礎，即是將所有介面的知識，無論是已行諸文字、或是藏於工作方法中的學問，都適當保存。對此，野中郁次郎與竹內弘高於合著《創新求勝》一書中，提出了知識可以分為內隱與外顯兩大類型的概念。

●**外顯知識：**是指以文字記錄，已經經過整理、歸納、分類所撰述的知識。這些知識因為已系統性地行諸文字，可讓人在不需創作者指導下就能獨立研習、重複使用。例如百科全書、旅遊指南、商業雜誌、工具操作手冊⋯⋯等都屬於外顯知識。

●**內隱知識：**是指高度個人化，需親身體驗而得的經驗性知識。內隱知識不容易利用文字加以記錄、傳遞與說明，因此必須透過組織成員的指導與傳授才能順利傳遞，例如廚師在掌控火候的特殊技法、名醫豐富的臨床經驗、修車師傅判斷故障的功夫⋯⋯等。內隱知識是出自於個人閱歷所延伸，具有獨特性與專屬性，通常以師徒傳承的方式傳授，產生的成本較高，被複製的機會低。

催生新知的方法：知識創造

外顯知識可透過文字傳遞，內隱知識需由師徒傳承，那麼，管理者應如何讓這兩類有價值的知識充分地交流、分享、散播，以發揮知識管理的效益呢？野中郁次郎與竹內弘高兩位學者進一步提出了四種經由內隱與外顯知識的轉換，達到知識再創造的做法：

●**知識的社會化：**是指將無法形諸文字、但極具價值的內隱知識，分享給他人，轉化為他人的內隱知識。例如領班教導工人裝配機器的竅門、職場老手教導新人如何得宜地應對進退⋯⋯等。這類知識的教授，講求成員面對面地近身接觸、現場指導，在一段期間的觀察、摸索與體會後，學習者才會逐漸掌握其中訣竅，因此稱為「共鳴的知識」。組織可以藉由共鳴的知識，將深藏不露的內隱知識傳承給其他組織成員，再轉化為學習者能加以運用的內隱知識。

●**知識的外化：**將個人經驗累積的內隱知識，轉化為他人易懂的外顯知識，這種知識稱為「觀念性知識」，通常是將所知經分析、整理、統整後以文字記錄，如工人將所領會的操作訣竅寫成工作手冊、成功人物將其獨到之處寫成自傳發表、手作家將工藝品的製作程序撰寫成DIY書籍。組織可以藉由知識的外化，使無法貼身學習的成員都能獨立閱讀文字化的觀念性知識學

什麼是知識管理

知識經濟時代
知識的創新諸如新的技術、作業流程的研發才是組織進步的關鍵。

引發 →

知識管理
組織對個別成員的知識,諸如經驗、技術、工作流程等學問進行有系統地管理,促進知識在組織內順利整合、流通、加值與創新。

管理方法 ↓

外顯知識
是指可由文字書面記錄、不需與創作者接觸即可傳遞的知識,複製的成本較低。

例如: 維修操作手冊、百科全書、旅遊指南、商業雜誌等。

內隱知識
不易以文字記錄、潛藏於內的經驗性知識,有獨特性與專屬性,複製的成本較高。

例如: 維修工人的維修訣竅、廚師的廚藝等。

知識創造 ↓

內隱知識

外顯知識

內隱知識

知識的社會化→共鳴的知識
將個人的內隱知識轉化為其他成員的內隱知識。

實例: 領班教導新進員工操作機械的竅門、駕訓班教練教導學生開車的技巧、資深業務教導新人如何與客戶應對。

效益: 個人親身體驗而得的寶貴經驗與領悟可以傳承下來,成為他人的內隱知識。

知識的外化→觀念性知識
將藏於內在的內隱知識轉化為易懂的外顯知識。

實例: 機械操作手冊、星座書、寵物飼養手冊。

效益: 知識的傳承可不侷限於貼身教導。

外顯知識

知識的內化→操作性知識
吸收外顯知識成為個人的內隱知識。

實例: 員工將機械操作手冊消化吸收,形成一套自己的操作方法;媽媽依照食譜作菜,慢慢領悟出食材搭配的要領。

效益: 能將外顯知識化為對個人有益的經驗與訣竅。

知識的結合→系統性知識
整合各種外顯知識成為新的外顯知識。

實例: 員工將各種有用的操作手冊整合為操作大全、記者將健康資訊整合為專題報導。

效益: 他人可以更快速地吸收各種知識的精華。

習，增進知識的傳播。

●**知識的內化**：指將他人的外顯知識消化、吸收，轉化為個人的內隱知識，稱為「操作性知識」，如工廠新進工人初期依照作業手冊行事，經年累月發展出一套自己的做事方法；或是原本不熟悉領導方法的新任領導者，在閱讀成功領導者的傳記後，結合自己的處事風格，形成一套新的領導原則。操作性知識的傳布可以幫助組織成員對陌生的工作有初步了解，快速掌握任務的核心概念，深化為個人的知識存量。

●**知識的結合**：指將各種外顯知識加以整合，去蕪存菁後產生新的外顯知識，稱為「系統性知識」，如業務人員整合多本成功業務員所撰寫的心得報告，集結成讀書心得；或是經理彙整各部門的績效報告為一份全公司的營運報告等。因為所有知識的精華已經整合，系統性知識的傳布可節省個別成員篩選、消化眾多資訊的時間，便於組織成員迅速吸收。

平衡計分卡

「平衡計分卡」是由哈佛商學院的教授羅伯・柯普朗與諾頓研究所最高執行長大衛・諾頓共同發展，強調企業績效的評核應顧及全面，除了財務面向外，組織的學習成長、內部流程、顧客觀點等面向亦不可偏廢。自一九九二年提出至今，已在全球企業界掀起一股熱潮。

由企業的使命願景來發展績效評量指標

企業主於公司成立之初無不懷抱遠大的理想與抱負，將其付諸實踐的第一步，即是設定公司的使命與願景，再根據內外部環境分析的結果，制訂可發揮優勢、迎合機會的策略，具體落實。因此，組織在評估績效時，不應忽視初衷，必須一再檢視、回顧是否符合企業使命與願景，才能確保企業沒有偏離目標。「平衡計分卡」便是評估組織表現是否符合創立初衷的管理工具，強調有系統地將組織的願景和策略轉化成一套全方位的績效量尺，其評估的指標不侷限於財務構面，還含括了為顧客創造價值、改善內部流程，以及促進員工學習成長等構面，當各構面均達成目標時，才是真正的高績效。由此可知，「平衡計分卡」可將策略規劃所制訂的目標，轉化為評量標準的項目，是策略管理的利器，也是衡量組織績效的實用工具。

平衡計分卡的四大構面

平衡計分卡同時考量「學習成長觀點」、「內部流程觀點」、「顧客觀點」和「財務觀點」以評量組織績效，分述如下：

①**學習成長觀點：**此構面以「組織能否不斷創新與變革」為評估核心。學習是組織能不斷創新、成長、變革的根基，因此學習成長觀點是平衡計分卡的基礎，為了達成其他構面的績效，組織上下應努力學習新知，強化組織創新的能力。評估標準包括成員可否改善日常作業方法、精進生產技術、研發功能更強大的新產品……等。

②**內部流程觀點：**此構面以「組織能否以優良的內部流程為顧客創造價值」為評估核心。企業的內部流程從最上游的產品研發與設計開始，歷經生產、製造、包裝與配送，最後是售後服務，可大致分為創新程序、營運程序與售後服務程序等三個階段，此三程序最重要的目的是滿足顧客需求，為顧客創造最大的價值。因此，平衡計分卡主張將顧客需求帶入企業內部流程，要求管理者以買方的角度出發，思考內部流程的三個程序在獲取顧客滿意上分別有何貢獻，以發

覺流程改善的空間。評量標準包括生產效率、產品不良率、售後服務滿意度⋯⋯等。

③**顧客觀點**：此構面以「組織的目標顧客有何需求」為評估核心，認為想讓消費者買單，產品必須滿足其需求。平衡計分卡要求管理者首先釐清企業的目標顧客為何，再思考目標族群的需求，最後搭起供需的橋樑。顧客所關心的重點，大致脫離不了品質、價格與功能性；針對一些個性化商品會著重其獨特性；家電或資訊類損耗率較高的產品，售後服務則是購買決策的重要考量。管理者可以透過市場調查蒐集外部顧客的意見，以消費者的期望為基礎設計出相關評估指標，如顧客滿意度、顧客抱怨次數、產品故障率、市場占有率⋯⋯等，以顧客觀點評估組織，貼近消費者才能贏得市場。

④**財務觀點**：此構面以「組織如何為股東創造價值」為評估核心，企業的財務狀況攸關能否持續經營，向來是管理者最重視的構面。財務數字雖然只能反映組織過去的績效，但可顯示管理者發展未來策略時，手中握有多少資源，會直接與企業的願景能否實現、如何實現息息相關。想要提高獲利、創造更多股東價值，開源節流是不二法門，管理者可從「營收成長」與「成本下降」兩處著手，配合組織不同階段的生命週期，制訂適合的財務決策。評估指標有股價、營業收入成長率、營業利益率、資產報酬率、投資報酬率等。

什麼是平衡計分卡？

平衡計分卡

- ●組織評估績效時，不應忽視企業成立的使命與願景，需一再檢視，以確保未偏離初衷。
- ●將組織的使命、願景轉化成一套全方位的績效標準，為策略規劃與績效衡量的利器。

↓ 評估績效

① 學習與成長觀點

為達成願景，組織需不斷學習、成長，才能持續創新，維持競爭力。

評估核心 組織能否不斷創新與變革？

評估指標 員工的生產力、專業能力、新技術培訓與接受度等。

② 內部流程觀點

為滿足股東和顧客，組織應精進創新程序、營運程序與售後服務程序。

評估核心 組織創造顧客價值的流程為何？

評估指標 生產效率、產品不良率、售後服務滿意度等。

③ 顧客觀點

為達成願景，組織在顧客眼中應有何品質、價格與功能。

評估核心 組織的目標顧客有何需求？

評估指標 顧客滿意度、顧客再購率、顧客抱怨次數等。

④ 財務觀點

組織在股東眼中應有何表現才能達成財務目標。

評估核心 組織如何為股東創造價值？

評估指標 股價、營業收入成長率、營業利益率、資產報酬率、投資報酬率等。

四大構面全面達成，才是高績效。

共享經濟

互聯網興起，催生了一種全新的商業模式——「共享經濟」，指人們在共享的平台上進行資源交換，使資源被有效運用。在共享體系下，交易不再是買賣之間單純一條點對點的直線，而是一張錯綜複雜的供需網絡。

共享經濟的營運模式

在網際網路與行動裝置的蓬勃發展下，人們日益倚賴電子商務，其中有一種商業模式，是在共享的網路平台上媒合供給端與需求端，稱為「共享經濟」。

共享經濟最為人熟知的案例，莫過於Uber和Airbnb。Uber透過共享的網路平台，讓家中有閒置車輛的車主與需要乘車服務的乘客彼此串接；Airbnb則讓屋主得以釋出家中的空房，租借給需要住宿的旅人。由此可見，共享經濟的消費觀點完全顛覆了傳統的商業思惟。前者強調「使用權」，期待資源被「有效運用」；後者重視「所有權」，希望物品被「完整獨占」，相較下共享經濟的進入門檻自然較低，有車者便有機會成為載客司機、有房者便能兼職當房東，促使此種全新的商業模式在短時間內席捲全球，廣泛滲透到各大產業。

共享經濟的關鍵要素

共享經濟的形成，具備以下三大條件。

一、網際網路：

共享經濟的交易是在網路平台上完成，因此網路技術的成熟度、覆蓋普及率等，在使用者對於共享平台的接受度上，扮演決定性的關鍵角色。

網際網路若再搭配智慧型手機、平板等行動裝置，則可進一步實現共享平台對使用者最具吸引力的便利性與即時性，例如乘客隨時可在路邊，經由連網的手機在Uber發出乘車需求。

二、共享平台

平台是共享經濟交易的媒介，也是資訊的匯聚地。例如P2P共享借貸平台，透過網路平台聚集資金的供需，讓募資者與投資者不須透過實體銀行，便可在平台上找到彼此，以更低的門檻滿足需求。

■ 共享經濟的特色

在共享經濟的商業模式中，供給與需求並非完全對立的兩方，同一個人可以在共享平台上既是供應者、又是需求者。例如某個東京人計畫到美國旅遊，他在Airbnb一邊尋覓紐約適合的住宿地（需求者），一邊釋出旅行期間自己在東京的空房（供應者）。因此，在共享體系下，交易不再是買賣之間單純一條點對點的直線，而是一張錯綜複雜的供需網絡，也衍生出更多交易成功的可能。

三、供需社群

如果將網路與平台比喻為實體商店的建築結構，那麼供需社群就是一家商店的買氣。共享經濟的商業模式必須有足夠的誘因，招來充足的供給方與需求方，並利用網路及平台的便利性，克服兩方原本難以直接接觸的痛點，才有成功的機會。例如Airbnb旗下雖然沒有不動產，但瞄準了擁有空房且想增加收入的屋主，以平台做為房間展示的通路，聚集全世界各大城市超過500萬套房間，建立了龐大的住宿網絡；對需求方而言，Airbnb則以遠低於酒店的價格，以及具有當地特色的住宿體驗，成功獲取年輕世代的青睞。

醫療服務共享模式

因著網路的普及，醫療服務亦實現共享的營運模式，例如美國一家經營共享醫療的公司。

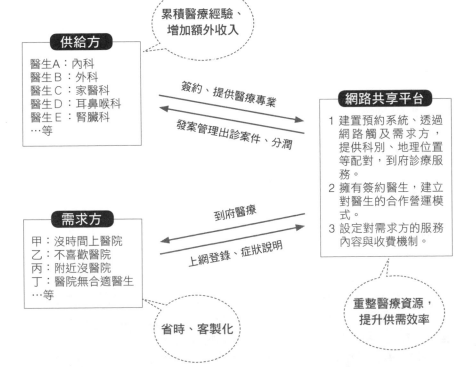

社會企業

社會企業是指組織以企業經營的方式獲取利潤，用以解決特定社會問題，而非仰賴政府補助或民間捐贈，是一種融合商業行為及社會公益的新形態混合式組織。

何謂社會企業？

我們常以營利、非營利來區分組織的類型。營利組織泛指追求獲利的企業、公司行號等，非營利組織則以實現公益目的為主，所需的經費來自補助與捐贈。近年興起的社會企業則為上述的二分法帶來不同的思維。

本質上，社會企業聚焦於解決特定社會問題，深具非營利組織的公益色彩，但在實務運作上，社會企業奠基在營利組織自負盈虧的模式，透過協助弱勢族群養成經濟自主能力，獲取營收來源。社會企業模糊了「非營利」與「營利」的界線，在社會影響力與獲利能力為端點的兩股力量相互拉拔下，以一種混合而成的新姿態找到兼容並蓄的定位點。

例如孟加拉鄉村銀行(Grameen Bank)，以協助貧窮的孟加拉人改善經濟狀況為信念，提供小額信貸給被銀行拒絕往來的赤貧人民，讓他們可以透過這筆小錢做生意，改變人生。創辦人穆罕默德・尤努斯(Muhammad Yunus)顛覆傳統銀行的作業方式，免去抵押品、信用紀錄，證明只憑人與人之間的信任，

銀行便能健全運作。在外界一片看衰下，鄉村銀行創立不到三年即開始獲利，同時在解決貧窮的社會問題上做出重大貢獻。

社會企業≠企業社會責任

社會企業融合了營利組織與非營利組織的多元樣貌，因而讓許多人誤以為社會企業就是宣揚企業應善盡社會責任。然而，兩者所擁有的社會影響力在深度與廣度上有著明顯的差異。

就涉入深度而言，社會企業以改善特定社會問題為使命，致力於發展可減輕社會負擔的解決方案，而企業社會責任，是企業追求股東利益極大化之餘，投入部份資源以回饋社會，例如提撥部分利潤捐獻慈善機構。相比之下，社會企業的影響深度高出許多。這就如同「給魚，不如教會釣魚」的道理，企業履行社會責任就像給魚，以捐款直接餵飽弱勢族群，滿足他們的需求，但更難得可貴的是，社會企業讓原本需要被照顧的弱者學會釣魚，擁有自力更生的能力，甚至可以照顧他人。

以廣度而言，企業社會責任

則有較廣泛的施展空間。企業可以同時捐助失家兒少、環保團體、偏鄉教育、高齡照護、重大災害……等，在眾多不同的場域中參與公益，而社會企業則因資源有限，往往聚焦服務單一族群，在社會影響力的發展上求深不求廣。

不同組織型態的定位

	營利組織	社會企業	非營利組織
定義	追求獲利的中小企業或上市公司	以企業經營的方式自負盈虧，用以解決特定社會問題的組織	以公益為創立宗旨，不追求獲利的組織
獲利能力	高	中	低
社會影響力	低	中	高
經營目標	追求股東利益極大化	解決特定社會問題	促進公共利益
資金來源	營業收入	營業收入	政府補助或民間捐贈
例子	常以捐款等方式履行企業社會責任，如統一超商於門市設立募款箱，捐助創世基金會。	「多扶接送」投身無障礙服務，解決行動不便者的交通問題，以溫馨的付費接送創造市場價值，成功商轉。	長期關注偏鄉教育與弱勢兒童的「博幼基金會」。

全球供應鏈重組

過去企業因成本考量而跨國分工之漫長供應鏈,逐漸轉向以區域集中發展為主之短鏈模式,經營思維亦自「追求低成本」改變為「分散市場風險」。

全球產業供應鏈重組的起因

跨國分工之供應鏈模式發展至21世紀初期到達頂峰。服飾品牌Zara在西班牙進行服裝設計與打樣,再將設計圖稿傳送到孟加拉成衣廠大量生產,最後分裝成品,運往歐美、亞洲等世界各國的銷售門市。美國Apple公司旗下的智慧型手機iphone以中國為主要生產基地,所搭載的晶片、電池模組、顯示器、揚聲器、機殼、光學鏡頭等各式材料與組件,來自世界各地200多家供應商,組裝好後運往歐美、亞洲等世界各國的銷售門市。

這樣原本司空見慣的場景,卻因2018年開始的美中貿易戰與2020年初爆發全球的COVID-19新冠肺炎疫情影響,發生根本性的改變。美中貿易戰導致全球經貿情勢從多邊開放走向貿易保護主義,跨國供應鏈成為國際政治的談判籌碼;新冠肺炎肆虐,各國一度封鎖邊境,跨國供應鏈遭遇斷鏈的重擊,更凸顯長鏈下國際分工的脆弱性。

企業不得不重新思考供應鏈布局的焦點。過去,先進國家的製造成本高昂,企業為了降低成本,傾向落腳於低工資、低稅負之開發中國家,以大量生產取得規模經濟的成本優勢,因而造就了跨國供應鏈的長鏈型態。如今,工業4.0崛起,先進國家導入智慧製造與產線數位化後,大幅降低了製造成本,使得成本不再是供應鏈布局的唯一考量。面對多變的經貿情勢,以及無法預知的天災,企業更需要能從困難中快速站起的韌性供應鏈。

掌握新局,打造韌性供應鏈

全球供應鏈重組的浪潮下,「建立多元的生產基地」以及「自主在地化生產」等方向,逐漸躍居韌性供應鏈的主流。

基於對同一個地區過度依賴,會使供應鏈暴露於高風險中,韌性供應鏈主張「建立多元的生產基地」,世界工廠集中在一國的現象將不復見。iphone供應鏈首先開了第

韌性供應鏈

韌性(resilience)是指面對困難時有良好的恢復力與適應力。過去供應鏈管理著重成本、品質、交期,在新冠肺炎疫情重擊了既有的供應鏈體系後,企業發現健全的供應鏈還必須擁有面對各種不同風險的應變能力,例如網路資安或是疫情席捲重來的潛在威脅,此即供應鏈的韌性。

一槍，推行「去中化」，逐漸將代工產線移出中國，轉而進駐越南、印尼、印度等東南亞地區，除可分散區域風險，也同步滿足了當地的貿易保護政策。

嚴峻的疫情也使各國了解到，防疫用品、民生物資、醫療資源等領域應以國安角度思考，布局國內「自我供應的在地化生產體系」，進一步強化了供應鏈從長鏈朝向短鏈發展的趨勢。此外，美中僵持不下，形成兩大抗衡的科技體系，可望衍生為兩大生產系統，導致美中供應鏈分流，各自建立可快速滿足需求的在地化供應體系。台積電偕同關鍵供應商一起赴美國設廠，便是半導體產業就近服務市場、朝短鏈化發展的實例。

全球供應鏈重組態勢

低成本供應鏈

以世界為版圖，落腳製造成本低廉的據點為生產基地，屬長鏈型供應鏈。

例如：過去製鞋產業基於勞力密集之特性，各大品牌皆集中於中國生產，使得中國成為世界最大的鞋業製造基地。

美中貿易戰	新冠肺炎疫情衝擊	製造技術大幅躍進
各國興起貿易保護主義，政府以租稅優惠、補助金等誘因吸引本國企業撤退海外生產基地，移回母國發展。	疫情導致跨國供應鏈面臨斷鏈，突顯長鏈面對危機時欠缺應變的能力。	製造技術朝智慧化、數位化發展，大幅調降生產成本，使得供應鏈的形成不再以成本為中心思想。

韌性供應鏈

以區域發展為主，可就近服務市場，分散經營風險，屬短鏈型供應鏈。

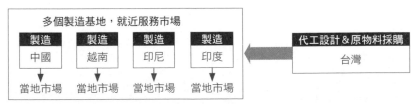

例如：近年中國人力成本上升，許多鞋廠逐漸將生產基地移往越南、印尼、印度等地，多元布局產能。

國家圖書館出版品預行編目資料

圖解管理學/陳昭雯著. -- 修訂一版. -- 臺北市：易博士文化, 城邦文化事業
股份有限公司出版：英屬蓋曼群島商家庭傳媒股份有限公司城邦分公司
發行, 2021.07
　　面；　公分
　ISBN 978-986-480-182-4(平裝)
　1.管理科學
　494　　　　　　　　　　　　　　　　　　　110011318

Knowledge Base 106

圖解管理學【修訂版】

作　　　　　者／陳昭雯
企　畫　提　案／蕭麗媛
企　畫　執　行／林雲、林荃瑋
企　畫　監　製／蕭麗媛

業　務　經　理／羅越華
藝　術　總　監／陳栩椿
總　　編　　輯／蕭麗媛
發　　行　　人／何飛鵬
出　　　　　版／易博士文化
　　　　　　　　城邦文化事業股份有限公司
　　　　　　　　台北市中山區民生東路二段141號5樓
　　　　　　　　電話：(02) 2500-7008　　傳真：(02) 2502-7676
　　　　　　　　E-mail: ct_easybooks@hmg.com.tw
發　　　　　行／英屬蓋曼群島商家庭傳媒股份有限公司城邦分公司
　　　　　　　　台北市中山區民生東路二段141號2樓
　　　　　　　　書虫客服服務專線：(02) 2500-7718、2500-7719
　　　　　　　　服務時間：週一至週五上午09:30-12:00；下午13:30-17:00
　　　　　　　　24小時傳真服務：(02) 2500-1990、2500-1991
　　　　　　　　讀者服務信箱：service@readingclub.com.tw
　　　　　　　　劃撥帳號：19863813
　　　　　　　　戶名：書虫股份有限公司
香港發行所／城邦（香港）出版集團有限公司
　　　　　　　　香港灣仔駱克道193號東超商業中心1樓
　　　　　　　　電話：(852) 2508-6231　　傳真：(852) 2578-9337
　　　　　　　　E-mail：hkcite@biznetvigator.com
馬新發行所／城邦（馬新）出版集團
　　　　　　　　Cite(M) Sdn. Bhd.（458372U）
　　　　　　　　11, Jalan 30D／146, Desa Tasik, Sungai Besi,
　　　　　　　　57000 Kuala Lumpur, Malaysia.
　　　　　　　　電話：(603) 9056-3833　　傳真：(603) 9056-2833

美　術　編　輯／陳姿秀
插　　　　　畫／溫國群
封　面　構　成／陳姿秀
製　版　印　刷／卡樂彩色製版印刷有限公司

■2009年9月3日初版
■2021年7月22日修訂一版
ISBN 978-986-480-182-4
定價350元　HK$ 117

城邦讀書花園
www.cite.com.tw